街なかのタマシギ

Painted Snipes
in a Housing Area

中林　光生

渓水社

まえがき

街中に数枚の稲田が残っていた。そして偶然にもそこにタマシギの小さな群れがいることを知った。子供を乳母車にのせて散歩していると、私の足元というべきところに一羽の雄が雛四羽を連れていた。泥水の中に少し足を沈めながら上目づかいに私を見上げていたのである。彼らには、ものおじしない田んぼの主のようなところがあった。

もう40年も前、1972年5月23日の朝のことであった。タマシギたちは私の引っ越ししていった街にいたのである。これは思いがけない出会いであった。実は、その2年前、妻との婚約記念に双眼鏡をプレゼントされ、当時兵庫県の宝塚にいた私はその足で琵琶湖に向かった。何故かまず堅田の浮御堂に行き、その回廊に立つと少し水の引いた泥の地面に葦原の中からそろりそろりと出てきたのがタマシギであった。当然その双眼鏡で一心に見た初めての鳥になったのである。この出会いが1970年のことで、それから2年して引っ越した広島市街のはずれ、牛田という住宅地にタマシギが棲んでいた。驚きであった。

引っ越したところは広島市の古い住宅地、牛田（うした）というこじんまりした街並みが静かに山に囲まれているところであった。JR広島駅のすぐ北にある牛田山を越えると、その山なみにぐるりと囲まれた縦横ともに約1キロ半の街があり、それが牛田と呼ばれるところであった。小さな川がその街並みの北の隅から南へ流れ、更に南の端でもう一つの小さい川と合流し西に向かって流れていた。昔はよく氾濫したという。それでその街並みの北から南にかけて川に沿ったところの稲田はずっと湿地状態だったようだ。更に、その流れは街の西端に接している大きな川、太田川にそそいでいる。牛田は川に囲まれた湿り気の多いところであったが、タマシギが棲んでいるとは思いもよらなかった。

毎日彼らの生きる姿を見守るのがこの上なく楽しかった。観察は調査のためというものとちょっと趣が違っていた。ともかく、タマシギというものを知りたくて仕方がなかったのである。彼らは、私の近所に住んでいるということもあって、単なるタマシギという鳥の群れではなく、「私の個人的知り合い」になっていた。この心持が私の観察記の出発点であったと言ってよいであろう。

観察といっても、乳母車を押して或いは自転車で田んぼ巡りをする以外は、道端の電柱に身を寄せ、腕時計とその針を薄暗い中で照らす懐中電灯をポケットに入れ、双眼鏡も目立たないように使って、メモをすることを続けることだけだった。幸い、人通りは多くない。多い所でも私の観察する早朝、そして夕方以降は私の姿は目立つことはなかった。

この記録は、観察記であり、私の観察日誌でもある。科学に徹していないと批判されるかもしれない。例えば、敢えて個体識別に有効な足環などを使うことはしなかった。生きものを知りたいといっても、自分の観察という楽しみのために相手を利用する、材料にするようなことは出来るだけ避けたかったのである。

とはいうものの、途中から私は一つの実験を必要に応じて付け加えることになった。きっかけは、ある冬の夜、牛田のC田と呼んでいた田んぼを見に回っていた時の経験である。そこの中央部近くに約2メートル四方の水が浅くたまった部分があり、そこに一羽の雌の姿を見つけた。別の日の夜、その水たまりの近くに一羽の雄の姿があったが、その水たまりに入ることはなかった。このことから、その水たまりは雌が占有しているのではないか、他の個体は侵入しがたいのではないかと感じ始め、雌の占有の有無、その実態を見届けたくなったのである。そこで、私は小さなプールを作り彼らの反応を調べた。

個体識別については、いつも非常に近くで見られるので、顔を覚えることに集中した。それに、当時はブローニー・サイズのフィルムを使うゼンザブロニカという6×6判カメラしか持っていなかったので、まるで機動性がなかったが、ともかくそのカメラで写真撮影を重ね出来る限り個体識別の正確さを補完するよう努めた。繰り返し注意して見ることにより観察に間違いがないと信じられるまでになったと思う。

当時タマシギに関する資料はあったとしてもごく少なく、総合的にこの種を扱ったものは殆どなかった。私は、まさに手さぐりで観察を始めた。自分の感覚に従い、彼らの動きに反応しながら観察を進めたというのが正直なところである。毎日この目で見、耳で聞いた事柄を小さなノートに書き続けた。ここにまとめたことは、この牛田と中山の地に棲んでいたタマシギたちをじかに観察した結果である。その集積した事柄は確かなもの、タマシギの真実にどこまでも迫ろうとしたものと信じているが、ここで昔のイギリス人、この道の元祖というべきギルバート・ホワイトの言葉を拝借して、“I do not pretend to say that they are perfectly void of mistake”（Letter XVII）（全く間違いがないという振りをするわけではありません）ということも付け足しておきたい。

この『街なかのタマシギ』は、自分の目で見、生活の一部に観察を組み込んだ経験主義的なナチュラリストの観察記と自ら呼んでおこう。ナチュラリストなどと自ら名乗るのはちょっと面はゆいところがあるが、私としては、これは自然好きの人を意味するものと思っている。「自然が好きでたまらない人」、更に進めると「生きものを知ろうとする人」ではないか。出来る限り普通の人間として、彼らと付き合いたかった。観察に出来る限り時間をかけ、ノートに記録し続けた。見守ることが楽しみであった。自由に事に当たり、自分で考え、自分の言葉で表現しようとし続けた。

ナチュラリストに対する納得できそうな解釈に、この道の先達、ニコ・ティンバーゲンのものがある。ここでちょっとその著書、『好奇心旺盛なナチュラリスト』から一つの表現を引用してみよう。‘Curious naturalists’というもので、この人自身の解説では、「動物が実際にどのように生きているのか少しでもよく知ろうと努力する人々」（序文 p.2）である。納得するというのは、この言葉と解説には人間中心主義ではなく、生きものの一種としての人間の在り方が微妙ににじみ出ているように思われるからである。

先入観に左右されるのを避けるため、出来る限り客観的データを重視するよう努めた。私自身が何度も自分の目で見、タマシギの真実だと確信できるものを観察記録から多く引用した。彼らが生きていた様子を私がまとめるというよりは、彼ら自身に語らせたかったので、非常に重要だと考えられる現象は、ただ1回しか目で見ていなくても記録として採用した。問題は数の多さではなく、その事象の真実性だと信じているからである。

当然ながら、名前をつけた特定のタマシギたちの行動に焦点を当てることになった。ここに書き記したことは、私の知り合いの記録であり、彼らと私の付き合いの中で私の魂が感応したところに従っている。出来る限り私が生きものの一員として相手の動き、声に反応できるように気を配り、一般に人がタマシギに対して示す態度が真実を外れていると思えばそれを改め、自分の先入観をもできるだけ排するよう注意を払い、タマシギたちの動きを見守り観察を続けた。

2016年現在、残念ながら2つ目の観察地、中山はもう隙間なくマンションが建ち、牛田にはまだ稲田はあるが、乾田化され彼らが棲める環境ではない。既にどちらの観察地にもタマシギの姿はなく、この『街なかのタマシギ』は、特に牛田の個体群の衰亡記という役割をも担うことになった。最後に、私の観察の初めと終わりの日付を簡単に記しておきたい。

牛田の観察：　1972年5月23日から1979年7月29日まで続いた。

中山の観察：　1978年5月21日から1985年5月26日まで行った。

広島にて　2017年6月3日　　　　中林　光生

目　次

挿絵一覧

諸本(もろもと)　泉(いずみ) 画

第4章

第5章

第6章

街なかのタマシギ

第1章　牛田のタマシギたち

―草むらの平穏な生活者―

1―①　雄と雌の図
つがいができあがった頃

牛田の街中でタマシギたちに出会ってから、私の生活の在り方は一変した。長男を乳母車にのせ、時には自転車にのせ田んぼを巡りだした。全ては1972年5月23日の朝に始まった。

私は、ともかく彼らのことをよく知りたかったのである。それまでタマシギがどんな鳥なのか知らなかった。田んぼというものの四季の変化にも詳しくなく、更に休耕田の様子を身近に感じたこともなかった。牛田のタマシギたちは、多くの時間主に休耕田の草の中を静かに歩いている。この鳥をどのように見たらよいのか、どこから取りついてよいのか分からない。ただ彼らのいちいちの動きを見続けるだけであった。だいたい人々が生活している街中でじっくりと生きものを見る術を身につけるのは難しく、あれこれと時間がかかった。

そこで自然に導き出された原則が、ごく早朝と、夕間暮れ時以後に観察を集中することであった。目立ちたくないのでこの行動の仕方は丁度良かった。どんな生きものなのか知ろうと、目で見た気になる行動、耳でとらえた鳴き声など出来るだけメモをし、図に描きとどめ、大量の記録が残った。小型のノートで101冊あり、そこにタマシギたちの行動の詳細、気象状態、街中の様子など気づく範囲で盛り込んであった。それにその時々で注目した個体たちの行動経路を書き込む白地図のファイルが12冊、写真は数千コマであった。

人間の記憶はよく間違いを起こす。この『街なかのタマシギ』を書くことに決めてから、その記憶の間違いを修正するためにノートは何度も読むことになった。そして確信を持てるまで読み込み他のデータと比較し納得した時点で書き進めるので、はなはだ時間がかかった。書きつづったこのタマシギの記録は真実だと信じている。まず巡り歩いた田んぼのことから話を始めよう。

タマシギのすみか

既に書いたように、牛田の街にわずかに残った稲田が彼らの生活しているところであった。広島市の市街のほぼ北のはずれに位置し、牛田山という低い山に囲まれ、西の端には大きな川が流れているので、牛田というところは市街地の賑やかさから遮断された環境の中にあった。

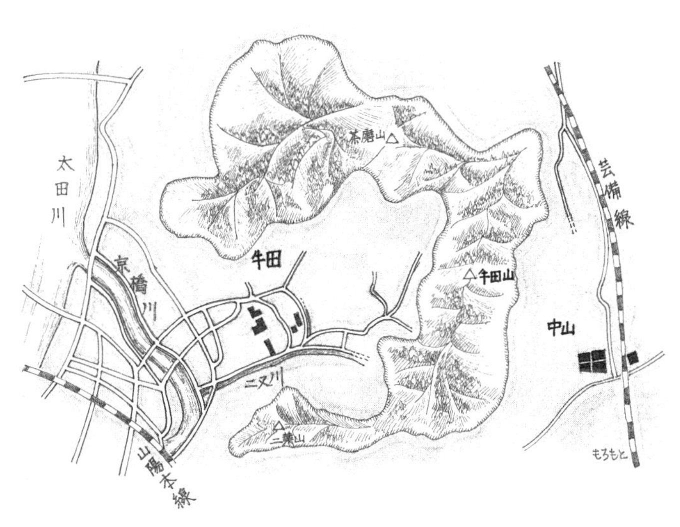

1－②　牛田全図　黒い四角が田んぼ

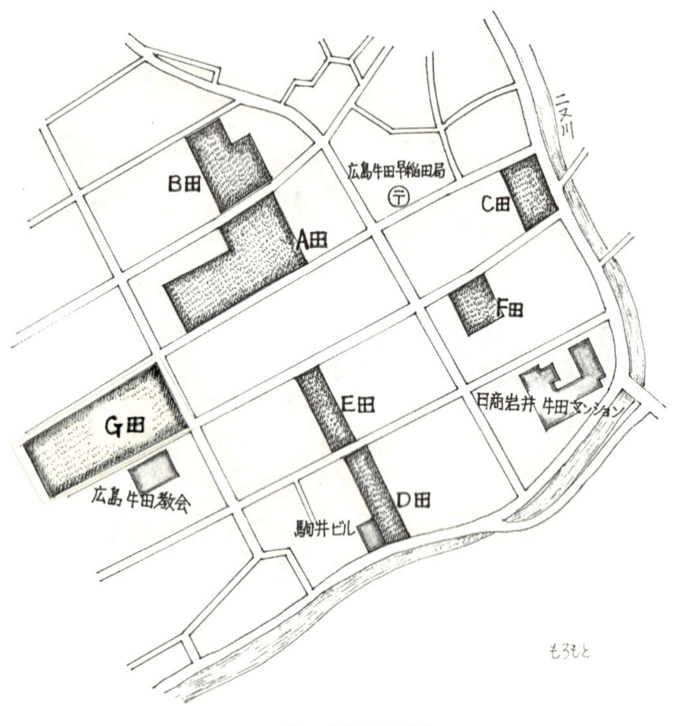

1－③　牛田の稲田

ずっと昔からこの山沿いの斜面を除いたところは全て稲田であったようだ。『牛田町誌』によれば、稲田の部分は、天平時代には奈良西大寺の荘園だったが、裏の山からの出水に度々見舞われる沼地状の土地であったようだが、稲作がずっと行われてきたようである。この沼地状という土地の特徴がタマシギの生息と関係ありそうである。というのは、私が引っ越しをしていった時でも稲田の数枚は沼地さながらの泥湿地であったからである。更に、観察の対象になった稲田を見てみよう。

稲田を私はＡからＧまで記号化していた。そのＧ田の持ち主、船越さんは当時すでに60才をこえていた。その人の子供のころから山際をのぞいて田んぼしかなかったらしい。そして、ＡからＥまでの部分は上（あげ）と呼び、Ｇから西は沖（おき）と呼んでいたという。これは昔この辺りまで海であった印ではないか。丁度その頃Ｇ田に大きなスーパーが建つ計画があり、ボーリングをしたら貝殻を含んだ海岸の痕跡が出てきたと話していた。

それだけではない。Ｄ田の脇に建つ駒井ビルのオーナー、駒井さんによると、そのビルの地下工事の時、昔の岸の石積みに突き当たり苦労をしたとのことであった。そして、Ｄ田は二葉山（JR広島駅すぐ北の山）の方から牛田の方に流れ出る川筋であったらしい。推測すると、タマシギたちの棲む稲田は、その昔入り江か遠浅の海岸線に接する沼地であったようだ。

Ｃ田の３分の１とＤ田全体は特にぬかるんでいたし、Ａ田の東北側約３分の１は同じく膝まで足がめり込む軟弱な地盤であった。これらが私の主に見て回る稲田である。B､F田は時々繁殖に使うが、Ｇ田は例外的に巣を作るだけだった。その他はすべて家が建っていたのだから、タマシギたちはこれだけの範囲で生きていたのだ。花房さんはタマシギのことはよく知っていた。昔は稲田にある巣からよく卵を持って帰り食べたらしい。花房さんの話からすれば、当時から数えても60年昔から牛田にタマシギはいたことになる。

この街中にタマシギは全部で何羽いるのか、なかなか数えるのが難しいことであったが、時々実行してみた。例えば1973年６月当時、全体で十三羽、若鳥二羽を含めると十五羽を数えることが出来た。

生息地としての稲田は、観察開始時の60年前（つまり1910年代）と比べると極端に狭まっている。しかし、1973年当時その個体群がかろうじて勢いをそがれずに生きていけた理由は、A、C、D田が特に湿潤で継続して休耕している部分があり、そこが草地になっていたことがあげられるだろう。

稲田のタマシギたち

私が間借りしていた家は、牛田山の山際にあり、その広い縁側から、夜になると市街地の真ん中にある野球の球場の照明がよく見えた。その灯りがともる頃になると山からフクロウが下りてきて庭の松の木で鳴いてくれるのだ。C田の近くにある早稲田神社でもフクロウが鳴いた。北の山でも鳴き、時に彼らはA田まで下りてくるのであった。この牛田の街はフクロウに囲まれている印象があった。イタチは街中にごく普通にいたし、A田にはチュウシャクシギが数羽の群れで来たこともあった。そして当時は、山にヨタカもいたので、A田では、夕方になるとよくヨタカがひらひらと飛んだ。それに、A田では季節になるとコガネムシが大発生し、夕方歩いていると顔にポンポン当たるほどであった。

そのA田の東端の道路際には数メートル四方の草の生えていない水たまりがあり、子供たちが入り込んで、泥んこ遊び、カエル捕りをしていたものである。時には父親と子供がドジョウを夢中で追いかけている姿もあった。そこは、私が初めてタマシギに出会った場所であり、彼らがよく餌探しに出てくるところでもあった。野生の鳥とはいえ、ここでは彼らが主であり、私は間借りしている下宿人のような気がしていた。

そんなこともあって、初めは、主にＡ田に注目した。私の観察の初めに注目したのはこの水たまりであった。この田んぼ脇の道路には何も身を隠すところはなかったが、乳母車をコロコロころがしさりげなく通り過ぎたり、自転車を隠れ蓑のように使って押して歩いたり、電柱に身を隠して様子を探り続けた。夏場は草が繁茂して見通しが利かないが、晩秋から冬を通じて朝早く行くと田の北東端の草むらに大抵数羽が密集して泥の中に嘴を突っ込み、餌を探す姿がちらちら見えた。いつも草の間を音もなくすり抜け無駄な反応を示さずゆっくり移動していた。朝の光を浴びて雄の雨覆いが鈍く銀色に輝いていた。泥田の中を歩き回りながら、彼らはよく羽毛の手入れをしていたのでその美しい羽模様に感動していた。

雨が降っている時でも、雪が激しく降る中でも、小さな水たまりがあると、平均して20回は頭から水に突っ込み水浴びをよくするのだ。それに雄たちは例外なく、巣に入る直前に振り返って巣の入口に立ち止り、胸元の羽毛を嘴でしごき毛並みを整えるのが見ものであった。

朝起きると私は自転車で出る。二又川を渡って道なりに真っ直ぐ進み、途中で右に折れるとＡ田に着く。ここが観察の出発点だ。自転車を押してゆっくり見ていく。次にＢ、すぐにＣ、そしてＦは繁殖期以外にはまずいないのでＤに向かうことになる。バス通りから見下ろし、E田との間の細い道から眺め、後は二又川沿いに約400メートル下って家につくという具合で朝の観察を終える。これが日課であった。

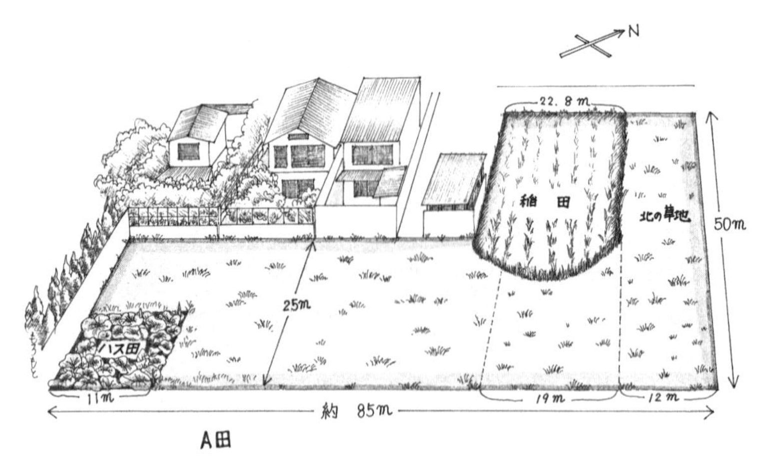

1―④　牛田A田の図

観察を始めた頃一番よく訪れたのがこのＡ田である。その当時は、この広い田の持ち主、中石さんはごく一部分しか稲作をしておらず、他は休耕状態であった。その内の東北隅のかなりの面積は非常にぬかるんでおり、タマシギたちの特に好んでいた場所の一つであった。この牛田にはこの田の西南隅に唯一小さなハス田が設けられていたが、ここには彼らは特に好んで出入りすることはなかった。彼らの好む生息環境は軟弱な地面に短い草がまばらに生えたところであったが、水が常時張っているところは特に好むようには見えなかった。

水につかってしまわず、土がごろごろと露出したそれらの田の状態は、彼らの好む虫の幼虫、例えばコガネムシの幼虫も水棲昆虫もオタマジャクシも豊富であった。その点では、C田もD田も同じである。ただし、C田は人通りの多いところにあり、しかも、周りの道路は3メートルほど田んぼより高いのでタマシギたちはいつも見下ろされていることになる。朝は通勤の人通りも比較的多いので、塒にはなりにくかったのではないかと思う。塒はAとD田に決まっていた。

彼らにとって軟弱な泥湿地はどうしても必要なものであった。そこに短い草がまばらに生えていることが次に好ましい。何故なら、動きが自由になる。草はごく短くても身を隠すことが出来ることはよく知っているようである。例えば、草がまだ生えていない頃にただ枯草の小さな束に混じって巣があっても巣に座る雄の姿はなかなか見つけられないと言ってもよい。体色のカモフラージュ効果がじゅうぶんあることを感じ取る感覚は生来獲得しているようだ。

彼らに出会った頃、西暦にして1972年から1973年頃、タマシギたちの巣は手荒に扱われていたようであった。稲田に害をもたらす鳥という意識が広まっていたからのようであった。しかし、それは誤解で、稲の株を押し倒したりするのはバンであり、タマシギたちでないから救ってやってほしいと説いてまわった。タマシギたちは、時たまやって来て繁殖するバンの濡れ衣を着せられていたのである。

田の持ち主に連絡し、注意してくれるようにお願いしておいても、うっかりと巣を壊してしまうこともあり、時々は巣にあった卵を私に手渡してくれた。標準的な大きさは、長径3.5センチ×短径2.5センチであった。農家の人たちの話では、昔はよく卵をとって帰り食べたものらしい。ウズラの卵の感覚で食べられるのだ。

タマシギたちは農家の作業をかいくぐって生き続けてきた。巣を壊されてもすぐ次の巣作りにかかる彼らの一年ごとの長い道のりを思わずにはいられない。そんなことが、農家のおばあさんたちの生まれた少なく見積もっても60年前からずっと続いてきた。天平時代の荘園があった頃から田んぼがあったとすれば、遥か昔からここで人間の田仕事と付き合ってきたと想像してもおかしくないだろう。

その歴史の重みとでも言おうか、彼らは用心深いが、稲田の主のような振る舞いを見せていた。農家の人が作業中、例えば冬にA田で休耕している部分の草を刈り、野積みした草を焼くことがよくあったが、約30メートルしか離れていない北東の隅で雌雄四羽が何事もないかのように採餌に忙しそうにしていたこともある。また、この牛田では苗代が定まった田の部分に作られていた。そこには網が張り巡らされていて、時にタマシギがかかることがあった。高いところに引っかかっているのでよく目立った。しかしその時彼らは暴れたりしなかった。かかった瞬間のことはいざ知らず、半日くらい時間がたっているのに静かにぶら下がっているのだ。夕方になって時々農家のおばあさんが伝えてくれたので行ってみると大抵目の前で外れてぽとりと落ちて助かる。私は手助けしたことはなかった。

タマシギたちは苗代の網にかかっても暴れない。自分の重みで自然に抜け落ちることが多い。

草刈りをしたその草を田で焼却していても、同じ田で採餌を続ける。彼らは強く自己主張はしないが、人間の作業の終わるのを待ち、稲田の主の如くしぶとく生活を続けていた。

農作業とタマシギ

観察を始めた頃、彼らが夜の間にＣ田にも来ているらしいことは感じていたが、繁殖期を除いて、早朝Ｃ田には彼らの姿がない。まんべんなく田を見て回りながらも、Ａ田の観察を第一に考え、Ｃ田、Ｄ田は必要に応じて見守ろうと考えたが、結局はＡ、Ｄ二つの田を同じように見守る必要に迫られることになった。Ｃ田も覗かざるをえず、自転車は大活躍した。

観察は早朝と夕方に行ったと言ったが、冬は日が暮れるのが早い。火点し頃に双眼鏡を覗くのは気をつけていたが、1973年の初めＤ田脇で私は不審者と怪しまれ何をしているか問いただされることになった。説明すると誤解は解け、このことがきっかけで間もなくこのＤ田に観察定点を持つことになった。問いただした人は、Ｄ田脇の駒井ビルの持ち主でその後そのビルの地下倉庫にハイドを張らせてもらえることになったのだから、人生何が起こるか分からない。

観察に話を戻して、最初の冬、1973年に入り、牛田の群れを見守りながら春を迎えることになった。私はＡ田とＤ田の間を自転車で行ったり来たり、観察を確実にするために朝も夕方も走り回りつづけた。Ａ田とＤ田の間を彼らが行き来していることをつかんだからである。

その詳細は後の章に回すことにして、ここでは、春先の農家の作業とタマシギたちの活動を概観しておこう。牛田のタマシギは、長い間山と川に囲まれ隔離されてきたものたちで、行動は特殊な側面を持ち合わせているかもしれないが、人間生活との関わりが引き起こすタマシギの一つの現実を表すものであった。

以下の作業日とタマシギの暦は1973年のもので、タマシギの方はほぼ毎年変わりはなかったが、農家の作業日の方は年によって２週間もずれることがある。

農家の作業	荒起こし	荒起こし	苗代作り	田植え
	3/14	5/15	5/16	6/6

タマシギの活動	交尾	三つがい集合	巣作り
	3/19、3/24	4/5	4/8

この表に示したように、春先から初夏にかけて最低２回の荒起こしがある。荒起こしとは稲田の地面を予め耕運機で一面に掘り起こす作業で、ほっておけば田の表面にあるものは休耕していて草地の状態の部分も含めて土ごとひっくり返された。

タマシギたちの繁殖活動、交尾から巣作り、抱卵、孵化まで続く一連の活動が何とかこの２回の荒起こしの間におさまればよいが、もし不幸にもこれらの農作業に引っかかるとなると巣作りからの活動を繰り返すことになり、何時までも雛を孵すところまで行かないつがいが出てくる。本当にこの出だしの所で失敗すると、繰り返し、繰り返しで7月になっても繁殖を成功できないつがいが出てくるのである。

ここで、表にある「三つがいの集合」に少しだけ触れておこう。1973年は2月の20日頃からD田につがい活動を始めた雄雌二羽が目立ちだした。このつがいがしばらくしてA田に移り、更にD田に戻った時点で、三つのつがいが目立つところに出てその存在を誇示し始めたのである。この辺りの事実を確かめ納得するまで、私は、二つの田の間を文字通り自転車で走り回っていた。

夕方、突然彼らは群像のように目の前に立ち並んでいた。19973年4月5日のことである。まだ一人ぼっちの雌と三つがいが並んで静かにそれぞれ約20メートルの間隔をとって立っていた。私はバス通りからD、E田を見下ろし（バス道路は田より約4メートル高いところにある）、次に中の道に入り、更にA田に走ってそちらに何もいないことを確認して戻ったりした。彼等は、私が走り回るのを横目で見ながら慌てふためく様子は全く見せなかった。中の道に戻ると私に一番近い二つがいが低い声でギョウ、ギョウと鳴いて私を威嚇するだけだった。しかし、この集合も殆ど暗くなった6時56分にばらけた。両側の二つがいが飛び立つのを見たのである。付け加えると、7×50の双眼鏡を持っていたので、夕間暮れ時でもかなり彼らの動静は見えたのである。その集合時の様子を絵にしておこう。

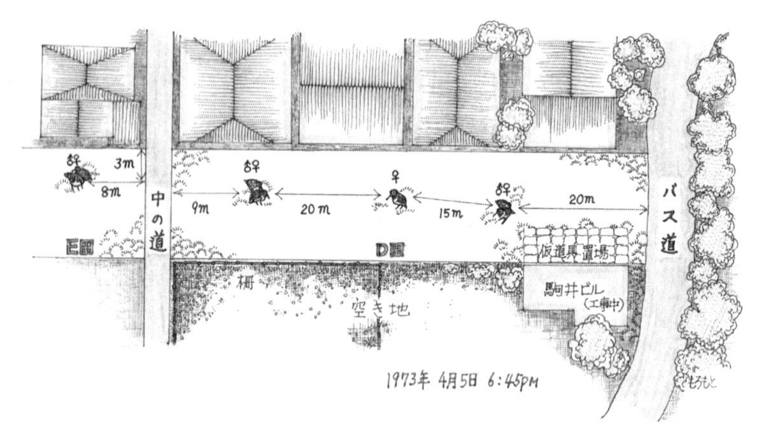

1―⑤　D田の集合
（1973.4.5）

タマシギたちは、この牛田という街中で生き抜くために農家の作業がもたらす障害を乗り越える試練に身をさらしていた。荒起こしに絡んで、彼らの繁殖活動は混乱しはするが、巣作り時に集合する傾向は、この牛田では消えることがなかった。この集合については、他の例も交え後の章で詳しくたどることにする。

この牛田の稲田では、タマシギたちは巣作りに先立ってつがいたちが集合する様子が見られる。3つがいの場合が非常に多かった。同じ田に集合するところはこのあと何度も見る現象であるから、これはタマシギの群れが本来持っている群れ行動の特性を暗示している可能性がある。また集合しても、その集合の中心部は力を持った個体が一時的に占拠するが、これも一時的な現象と言えばよいだろう。固定的な縄張りは出来ないのである。彼らの縄張り意識はこの集合、分散によく現れていたようである。

稲田の集合は、繁殖期直前だけではない。秋の９月から、２月初めにかけて彼らは夕方、特定の田に集まる。また、時々その田は変更された。集合した時、暗がりで見せる群れの様子は、今まで語ってきた平穏なタマシギたちとは相当違った側面を見せるものであった。このことについては、次の章に譲ることにする。

いずれの季節においても、朝から夕方まで草むらに潜んでいる間は五，六羽の集団をなしてごく平穏に過ごしながら、例えば、繁殖期の初め、秋の集団活動の初めなどに、夕方特定の場所に集合する傾向が強い。彼らにとって集まって活動の始まりを喜び合うかのような行動は、群れをなして生きていくうえで重要な事柄であるようだ。群れの生活は、個体相互の位置づけによって構築されているようでもあり、個々のごく狭い縄張りをつくり維持することは巣作りの際に限られると言ってもよいだろう。

草陰に隠れがちなタマシギたちを知るということは、私にとってかなり難しい課題に違いなかった。ただ観察し続けた。観察を助ける道具は、元々持っていた８×30と1975年秋に購入した７×50という二つの双眼鏡、あとは乳母車、自転車を小道具として使い、更に途中から中古の車を買い観察用に少し改造した。この車は夜間の観察、特に冬の夜中には重宝した。

ここで、牛田で実行した主な観察と観察環境の整備について書きだしておこう。これとても、実はタマシギたちの現実に生きている姿が私を動かした結果と言った方がよいだろう。

1972年5月以降	群れ全体の動きをただ見るために田の間を歩き回ることに専念した。
1973年1月から	夕方から夜にかけてタマシギたちが田と田の間を飛び回る様子を探った。
1974年9月から	A田に小さなプールを作り夕方から暗闇で群れがどのようにプールを使うかその反応を探った。
1975年2月	D田脇のビル（駒井ビル）の地下にハイド（布で作ったテントのような隠れる道具）を張らせてもらえることになった。お蔭で特に早春、すぐ目の前にいるタマシギたちの活動を雨が降る最中でも雪の日でも観察できるようになった。A田のプールの観察も同時に進めた。

第２章　夜の暗がりとタマシギたち

―人工のプールを独占する雌がいた―

2―①　プールを独占する雌
足元にためグソ

彼らはなぜ夜の時間帯にまでその活動を広げているのか。目立つ色を身にまとった雌も地味な雄も夜の暗がりの中ではほとんど同じように闇にまぎれてしまう。人間の目から見れば、雌の方がむしろ目立たない。羽根の色が持つカモフラージュ効果と夜の暗闇とがどうしても結びつかない。

昼の世界で雌が特有の歌を歌い、雄が巣の卵を抱き、雛を育てるということでタマシギの社会が続いてきたにも拘わらず、彼らが闇の中にまで入り込んで活動している理由はなんであろうか。夕暮れ時からのタマシギたちがどんな生活をし、雄と雌はどのような振舞いをするのか。

闇の中までその生活範囲を拡大したことは、人間の存在、街中の田んぼに棲むなどの環境の影響と判断してしまうわけにはいかない。恐らく彼らが生まれつき担っている特徴・矛盾、に由来するに違いないと考えてみた。夕方からの暗闇では雌が優位を誇っていた。しかし、昼間の明るい世界では、特に冬の間、分け隔てなく五，六羽の小群で過ごしている。その隔たりじたいタマシギの現実に違いないとしても、私には信じがたい光景であった。

その実態を探るために、私は実験をくわえることにした。A田の特定の部分に小さなプールを作り、1年間はそこを観察。次の年からモミ米を置いて反応を確かめた。

秋から春先までに目立つ夜の活動がある。その夜への入り口、夕方に、私の解釈では「喜びの儀式」がある。しかし、そこからは群れから抜け出る雌が序列の実際を展開し始めた。そして、順位が第一位の雌は、群れの安全を守る役割を担う様子を示す。この夜の暗闇の中で見せる彼らタマシギたちの現実であり、そこで雌はありのままの姿、行動を伸び伸びと表わしているようであった。夜の活動も昼の活動も彼らタマシギに課せられた現実と見た。その夜の様子を追ってみよう。

夕方の集合

観察を始めた頃は、主にA田に通った。1972年から1975年まで、A田東南脇の道路が一番人目につかず、落ち着いて見ておられる場所であった。そこを起点に、自転車を走らせ彼らの動きを追うのである。殆どが夕方から夜中の観察になった。道路わきの電柱に一つだけ街灯がつけてあり、わずかな光ながら役に立った。

1972年だから、最初の冬である。夕方にタマシギたちが田の一か所に集まる光景に接していたが、それが何を意味するか理解するまでかなりの時間がかかった。A田中央部寄りの刈り株の残る稲田だ。その場所の東北側に休耕状態の草むらがあり彼らに隠れ場所を提供していた。

夕方彼らが集まることが分かったので、その集まり方、前後の行動を調べることにした。まずD田からA田までの移動に注目した。D田からEを越えると、すぐ銀行の3階建てビルがあり、更にテニスコート脇の道路を挟んでA田に至る。これが最短のコースであった。1974年はこのルート上の移動に注目し、私は、夕方になるとルート上最終地点、テニスコートに沿って走る道路に立って彼らが飛んでくるのを待った。この街の中の道は昔からの稲田の間を通る農道だから、道路といっても自動車がやっとすれ違えるくらいの幅である。人も自動車もあまり通らないからそれほど気を使うことはなかった。

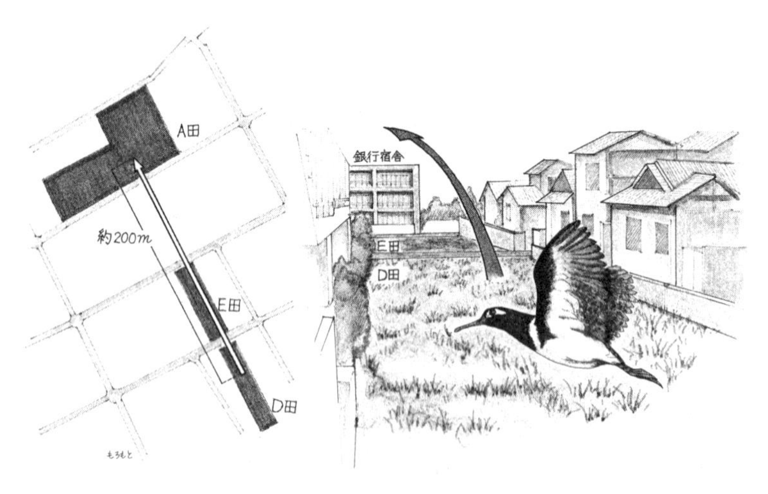

2—② 夕方の飛行図

日没後、彼らは3階建てビルを越えテニスコートを越えてやって来た。とてもおおらかに飛んでくる印象が強く感じられた。普段は草陰に潜むことが多く、長い距離を高く飛ぶという姿は殆ど頭に描いたことはなかったが、意外にもなかなかの飛行家であった。すごいスピードで頭上に迫りそのままストンと田に下りる時もあるし、まるでコウモリのようにヒラヒラ飛んでくる日もある。何か気になることでもあるのか、一度田に下りかけて、背面飛行のような体勢でグイッと急上昇し、周りの家の2階屋根の上を旋回して下りることもあった。

1974年は、このDからAへの移動が優勢であったので、夕方の飛来時間も計ってみた。1月は2回どちらも日没後22分に飛来。9月の2回の観察では22分後と24分後、11月は9回で、20分から24分後の間である。特に23分後が4回もあり、夕方の移動は規則性があると言ってよいだろう。いずれの夕方も、一羽か二羽連れのことが多く、時に三羽一緒にやって来るというのがあるくらいで、飛行は元々その後の集合のための行動のようであった。

この夕方の飛行にもう一つ付け加えておくと、目の前のA田で、同じ時間帯に、田から急上昇することがある。ほかの田に移動するためではない。普通タマシギたちはゆったりと翼を動かし上下に激しく打ち振るところはないが、この時は、すぐ西隣りの2階建ての家を越すために思い切り翼を羽ばたいている。上昇の角度とスピードは海岸でよく見る渡りのシギたちを思わせるものである。飛び立ったもとの地上に下りる時も体をローリングし、しっかり保持した絞り気味の翼の様子はたくましささえ感じさせ、日常のタマシギの動きではなかった。待ちに待った時が来たという強い印象を見るものに与え、ただ飛ぶために飛んでいることを納得させる行動であった。

夕方の飛行は、その後の集合のための移動であり、この飛行・集合・散開という一連の動きがタマシギ社会の夕方のお決まりの風景であった。夕方の主な集合場所は、1973年はA田、1974年の冬もA田にあり、群れは散開した後も田に残るもの他の田に飛ぶものもあり、その後の行動は確認できなかったが夜明け直前に大多数はD田に戻るらしく、次の夕方にはまたA田に飛来することが繰り返される。タマシギたちの1日の始まりは夕方にあり、それはタマシギたちにとっての喜びの時間帯のようであった。集合は秋9月に始まり、明けて1月末頃まで続いた。

夕方の飛行の始まる時間は、日没後22分から24分の間に殆どおさまっていた。秋口から春先まで、かなり正確に夕暮れ時の暗さに反応していた。

このA田に集まるための地面は、秋から冬を通して使われるもので、決まった場所にあった。しかし、そこは、草原の鳥の世界で一般によく知られている「レック」というものとも言えない。何故なら、雄たちが交尾のためだけに集まる共有の求婚場ではないからである。タマシギたちの場合は、群れで夕方の活動を喜び合うと言ってもよい純粋に集まるための場所、「集合場所」(meeting place) であるからである。

喜びのダンス

タマシギたちが夕暮れ時に集合する前後の様子をみてみよう。連続して観察できた1975年暮れ、11月11日の例である。この日もA田脇の道路に立ち彼らが動き出すのを待った。午後5時33分、街中では大分部の車が車幅灯だけを点けて走っていた。日没後24分で、もう間もなく彼らが動き出す時刻である。田の北東部にある草むらに注目していた。

その日は、四羽が一列をなして刈り株の残る稲田の開けた方向に向かい、そのまま一直線に並んで走るような勢いで歩きだした。雄二羽の後ろに雌二羽が見え、前の雌はさかんに翼を開いて真上にあげ、それでも足らないのか前の雄に突っかかっていた。この二つの動作共に、相手を急き立てていると思われるものである。

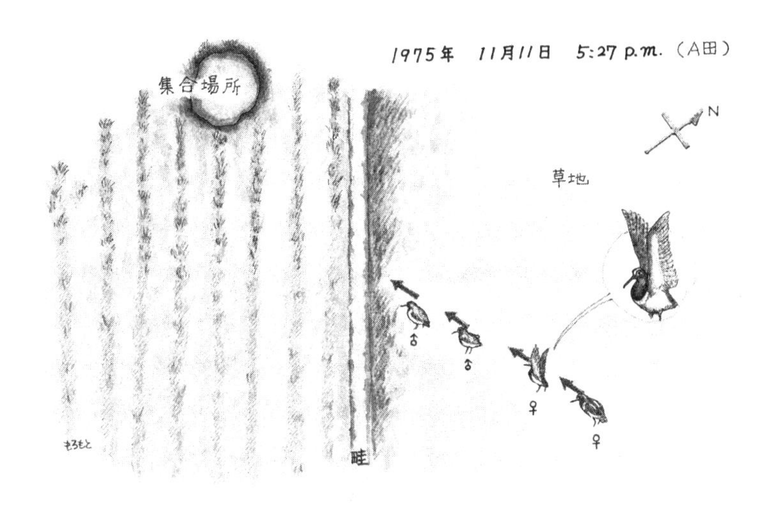

2−③　A田　集合場所に出ようとする群れ

稲田との境にごく細い畦が作ってあり、そこから、四羽はもつれ合うように開けた田の面になだれ込んだ。そこからは、雄と雌の動きが別々となり、雌たちは飛んで集合場所に移り、雄たちは走っていくのが見えた。集合場所は、浅く水がたまっている以外は特徴のある所ではないが、何も外圧などがなければその場所は決まっていて、雌の立つ位置もほぼ変わらなかった。

この日は全員少し緊張していて、しばらく尻を上下に揺らしていた。そのうち雌の一羽がその場で水浴をし始め、他の個体は羽繕いをしたりして10分ばかり時間を過ごして散開した。次の12日も、同様な騒ぎを起こしながら草むらから田に出た。雌一羽雄四羽の五羽の群れであった。雌が集合場所に向かうと雄たちは慌てたように後を追った。そして、約12分のあいだ集合場所で過ごした。

もう一つ、13日の集合の典型的な光景を記録から抜き出しておこう。その日は五羽の姿が昨日と同じ草地に見えていた。雌一羽と雄四羽は草むらから出たところで揃って翼上げをし、ピョンピョン跳ねながら集合場所まで移動したのだ。

2−④　バタフライ・ダンス
（1972.12.16.　5:30p.m.　A田）

この集合時の踊りを、私はバタフライ・ダンスと呼んでいた。その動作は、繁殖期によく見られる雌の翼上げ（第3章で触れる）とは意味が違うようである。ここで話題にしている秋の集合時のものは、雌も雄も区別なく、まず軽く50センチから1メートルばかりピョンと跳ね上がりながら翼を上に上げ、その姿勢を保ったままストンと下りてくるものである。跳ね上がりはバネ仕掛けのように力がこもっていて蝶々のように跳ね舞い降りるを繰り返すのである。一羽がやりだすと伝染し、全員でこの踊りをやりだすので、その興奮ぶりが見るものによく伝わる。

> 集合場所に出ると、そこにいる全個体が皆で少なくとも約10秒間連続して飛び跳ねる。時には２分間も間欠的にこの踊りを思い思いにやってみせることもある。これらの踊りは、昼の間草むらに閉じこもっていた状態から自らを解き放ちながらその開放感にひたっているように見えた。お互いの跳ねる姿に刺激されていっそう力がこもり、集団で繰り返し興奮を共有するところがあった。勿論、このダンスは威嚇でもなく恐れでもなく、というのは、単なる反射運動ではなく、群れに共通の「喜び」に似た感情をよみがえらせ強調して確認する儀式となっていると私は考えている。

プールを作った

草むらから集合場所に出ていくときに雌が雄を嘴で突ついたりする乱暴な振舞いが気になっていた。雌のこの種の行動については既に気づいていたが、もっとよく知りたかった。そのためには、この集合場所の観察をする前年、1974年の秋からのその他の観察を概観しておく必要がありそうだ。

1974年秋、Ａ田の集合場所から西南約30メートルのところに、ごく小さなプールを作った。その前年に既にプールは作っていたが、全く同じ所に作った。

何故30メートルかというと、そこは、同じA田でも東北隅の休耕地、そしてその脇の元来ある水たまりとは違い、地面が軟弱でないこと、しかも少し掘るとすぐ水面が現れ容易にプールになること、それ故、普段はあまり彼らが使わないところだから、彼らがプール状の所に反応する様子を初めから見られること、群れがどのように反応するかも当然確かめられると考えたからである。一年もたつと草に覆われるので、改めて草を刈って作った。

最初のプールは1973年の秋、9月8日に作った。それ以上のことは何もせず、餌もまかず様子をみた。そこに一羽の雌が夕方にはいち早く反応して現れることは気づいていた。ただ、9月24日には五羽が一緒にプールに集まり争いもなく平穏に過ごすところを目撃した。そして10月3日で姿が消えた。その小さなプールは食べるものが豊富にあるようなところでもなく、利用価値がなくなったものと考えた。それに、特に食べるものが特定の場所に集中してあるということがなければ、群れには争いもなく特に特定の個体が占有する状況は生まれないことは分かった。

このプールに群れで集まったこと、間もなく利用しなくなったことがこれから話題にする1974年の実験の土台になる。つまり、そのプールはそのままでは群れ共有のものであった。気になる一羽の雌の行動は継続して観察する必要に迫られたのである。

そこで、その雌と群れとの関係をさらに知るための実験にとりかかった。1974年秋、群れの集合が始まる頃の活動記録をノートから拾い出してみよう。

1974年 9/14　A田の昨年と同じ場所の草を刈り一畳半ほどのプールをつくる。そしてモミ米を一握り水際に置いた。

9/17　雌一羽がプールに立っていた。

10/ 3　毎晩同じところに立つ雌はだんだん水に沈む様子が見えた。そこで、昼間に近くに生えていたガマの茎を3本切ってきて、約30センチの長さに整え雌の立つ場所に敷いておいた。その夜からちゃんと使ってくれたので、安心したのである。その背後にその雌のためグソが積もりだした。

10/ 4　この日から、プール奥約8メートルに、プールに立つ雌以外の六羽が群れて採餌。

10/ 6　プールの奥には八羽が群れていた。6時20分（日没後25分)、八羽は2メートル内に横一線に並び密集していると言ってもよい状態であった。

この日は、一羽がバタフライ・ダンスをし終わると次の個体が引き継いですぐに群れ全体が呼応し、踊りは約5分間続いた。

しかし、その後である。雌の一羽がバタフライ・ダンスをし、着地すると昼間に見せるバタフライ・ディスプレイ（次の章で詳しく述べる）をした。そして雄たちとは違って、私のいる道路に向け胸を張って一歩進みでる行動をしてみせた。雌は一羽で威嚇行動にでたのである。その時プールには雌がいなかった。胸を張って見せていたのがリーダー雌、プールの占有雌であると考えた。

秋の早い時期から、雌がプールを占有する傾向がある。占有するだけでなく、独占しているはずのそのプールを開け放ったまま奥に控えている仲間のものたちと時に合流し、観察者である私に胸を張って首を高く立てて威嚇の姿勢をしてみせる。怪しげな観察者に対し挑戦してみせる。リーダーとしての振舞いとみてよいのだろう。

プールを一羽の雌が独占した

リーダーとして振舞い、プールを独占するかに見えた雌も、さまざまな小競り合いを乗り越えてその後の地位は確立した。1974年秋の群れのその後の動きを見てみよう。夕暮れ時の観察結果である。

1974年

10/19　プールにはモミ米が置いてある。プール水際の定位置には独占雌。その奥では三羽が採餌中。勿論、夕間暮れ時である。

10/20　独占雌がプールに入っていた。

10/23　モミ米は19日以後置いていない。夕方5時54分A田東北隅からプール奥に三羽が飛んできた姿が見えた。既にプール水際にいた独占雌が翼をバサッと大きな音を立てて大きく横に開き、近づいた若雌とにらみ合いを始めた。そして若雌を追っ払う。次に約1.5メートルに迫ってきた雄に突っかかった。これを1メートルほど退かせ、次に更にもう一羽の若雌を脅かして飛ばしてからプール水際の定位置に独占雌は戻った。6時7分、もう一度一羽侵入を試みた個体があり、雌は片一方の翼を広げその表面を相手に見せて威嚇し、そいつを追っ払って戻ってきた。

10/25　5時42分だから、日没後17分である。プールに入っている雌の姿があった。しかし、頭の形も、顔の表情も独占雌とは違う。早めに来て餌を奪おうとしたのだ。この日はもう撒いた餌もないだろう。肝心の独占雌はこの夕方現れなかったが、この後何事も起こらなかった。このように留守に侵入する個体を見るのは珍しいことであった。

11/ 4　モミ米まきは10月26日に再開。独占雌はプールの定位置に立っている。そのすぐ後ろのためグソはとても高く（約10センチ）積もっていた。独占雌の占有が確立したことを物語っていた。

この年（1974年）の秋、10月23日には独占雌の占有地を狙う三羽の姿があった。それらの侵入の試みを夜になっても時々はねかえしながら、もう25日には雌の地位が確立したと見ている。そして、11月4日には、占有を物語るように、プール定位置にためグソが高く積もり、夜目にも白っぽく目につくようになっていた。リーダーとしての位置づけも確立したものと考えてよいだろう。

食べ物の偏在が独占を際立たせる

> モミ米をプールに置くことで、食べ物が遍在すると、生きものの独占欲が引き出されるようだ。平穏そうに見えるタマシギのコミュニティに強い格差が生まれてしまった。特定の雌が自己の利益をどこまでも追求し、餌のある場所を占有し、そこにはほかの個体の立ち入りがほとんど不可能であった。雌が現れない夜もあり、その時でも殆ど誰もそこにいないのである。群れ社会としての結束のなかに、特定の雌の強力な支配が含まれているという事実に行き当たることになった。

雌の生き様は少し分かりかけたが、ある側面を強く引き出してしまい、何か悪いことをしてしまったと反省した。しかし、この雌の観察を止めるわけにはいかなかった。

夜中の雌を撮影

1974年秋にA田に作ったプールを特定の雌が占有したと書

いたが、この雌をフィルムに記録する必要があった。見慣れた個体とはいえ画像でも識別できるようにしておきたかった。その目論見があったので、プールは道路から7メートルの位置に作ってあった。この雌がプールにじゅうぶん馴染み、夜中とはいえ道路で観察する人間の存在に慣れてきたと思えるまで時間をかけた。10月に入ると撮影にかかれるように準備に入った。

74年晩秋には様々なテストをした。月が出ている夜でも現場は暗い。といってこの街中で目立ったことは出来るだけ避けたい。カメラのピントはどうして合わせるのか、次にストロボの光を反射するものが何もないプールでは光量は充分とは言えない。ガイドナンバー32のストロボを使いハイスピード・エクタクロームをASA320（当時はASAであった）にあげて対応しても駄目であった。カメラはゼンザブロニカ。それにはニコンの600ミリレンズがつけられるようになっていた。機動性に欠けるのが残念だったが、これが当時撮影道具として持っている唯一のものであった。

光量不足を補うために、プールから2メートルの地上30センチほどのところにガイドナンバー28のストロボを置き、手元に32のものを据えてみた。しかし、地上のストロボは雌が嫌った。夕暮れ時、雌は飛来したが、プールの上を素通りし、反転して私に向かってきた。目の前2メートルばかりの所で白い腹を見せ旋回して東に去った。警戒されたら元も子もない。そこでストロボは単独で臨むことにした。

夜A田わきの道は人がほとんど通らないので、雌とのやり取りに没頭しても問題は生じなかった。その雌が許してくれるところまで自分の行動を修正していった。12月に入ってガイドナンバー57のストロボを手に入れた。それに、生まれて初めてダウンジャケットを買った。冬場の観察には有難い代物であった。

プールは浅いものだが、それでも水深5センチくらいはある。タマシギの雌は毎夜ずっと同じところに立って休む。そこは水際だから幾分浅いのだけれども、泥は凹みだんだん雌は沈んでいくように見えた。既に書いたようにその定位置に敷いた長さ30センチの3本のガマの茎をちゃんと使ってくれた。

次に、ストロボの光量をかせぐために竹竿の先にストロボをつけ、それを伸ばしてプールの方に近づけると雌はどうするか試した。自動車の屋根につけ、静かに田の端からプールの正面に車を進ませると大丈夫である。これで約1メートルはかせげた。

実際の撮影の日を振り返ってみると次のようである。12月20日、夕方プールに飛んでくる時刻に見て回ると、雌はいつも夜中に立って休む定位置にいた。それだけ確かめて家に帰る。11時30分、A田隅に車を一度止め、竹竿の先にストロボをセットし、車の屋根に固定してから、そろりそろりとプール正面につけた。後は撮るだけだが、ファインダーに映るのはただ朦朧とした鳥のように見える影であった。翼と白い横腹の境目らしきところに意識を集中してシャッターを押すが、5、6枚でへとへとになり、約10分で切り上げた。そして後は時間が許す限り観察に切り替えた。

その追加の観察が役に立った。プールの奥に群れが控えると書いたが、プールに独占雌が出てこずに群れに混じっている時、その時の雌の振る舞いが印象的なのである。この雌は、集合した時点から他の個体とは違い、あまり動かず首を立ててひときわ目立っていた。

それは群れの頂点にいることから出てくる威嚇行動であろう。胸を張る姿勢は、外敵、この場合は私という観察者、にたいし挑戦しているのである。この雌がプールを独占している雌であり、この個体群のリーダーであることを表明しているようであった。

次の絵は、この雌が観察者を威嚇しようとしながら、強い警戒を身に感じており、首も上に伸ばせず、翼には白い羽根が出かかり、かすかに尻を左右に振りだしたところを示している。観察者まで約８メートルしか離れていず、この雌は、相当強い

2−⑤　観察者を出迎える雌

恐れと、挑戦の衝動に包まれていたようであった。（左右振りなどについては第3章p.79、82を参照のこと）

このプール背後での夕方の集合を見ていて気になったことがあった。そこに雌が三羽いた。朝早く雌二羽が朝日にキラキラ光る草むらに並んで目をつぶり眠っている光景はよく目にしていた。特に牛田では、二羽連れの雌が一緒に草むらを歩くところをしばしば見ていた。その二羽連れがその夕方の群れに入っているとすると、リーダー以外のもう一羽はどんな個体なのか、群れの中でどんな位置を占めているのか興味がわいてきたが、にわかには分からなかった。写真もリーダー雌のものしかない。

リーダーと群れの関係

A田プールについて語ることにしよう。前年、1974年の初めに作ったプールは年末になっても生きていた。リーダー雌はプールを占拠しているし、プール奥に控えている他の三羽はその場で水中に嘴を差し込み食べるものを探っていた。その秋になってまだ餌のモミ米をプールに置いていない頃である。

年が明けて1975年になると、私も暗がりに慣れたこともあり、リーダー雌とその他の個体の様子は更によく見え、理解できるようになった。前の年リーダー雌がしばしばプール奥にいる群れの所に出向くのは毎日のように見て分かっていたが、何をしに行くのか理解できなかった。リーダーとしてプールを占有しながら、群れに加わるとは何を意味するのかが問題であった。

1975年の1月20日になって、プールにモミ米を置き始めた。プール占有雌とプール奥に控える三羽（雌二羽、雄一羽）という夕方の光景は変わらない。典型的と思われる彼らの動きを見てみよう。

1975年

1/21　6:08p.m.　プールに雌、その奥3メートルに他の三羽は変わらず控えていた。

プール独占雌（これを雌Aとして）はプールを離れて群れに入り、ゆっくり雌Bの脇腹にくっつくまで近づくと、突然雌に向かって嘴をつきだした。それで、雌Bは雄の後ろに引っ込んだ。次に雄に正面から近づき、翼を半ば上げたまま威嚇。雄はほんの1メートル後ろに下がった。ただし、この後が興味深いのである。プール雌は威嚇したばかりの雌Bと雄に合流する形で何事もなく採餌行動に入った。

リーダー雌はとても穏やかに仲間を威嚇して占有しているプールに近づけないようにしながら、仲間に合流して集団生活をする必要を感じているようである。集団生活をすることと独占的な行動をするという二つの側面をこのリーダー雌は見せていた。

1/24　この日は夜（11:20p.m.）の様子を見てみた。

雨が降っていた。私はプールから約35メートルの距離に傘をさしてそっと立った。するとプールの水際にいたプール独占雌が、奥に向かった。その時奥3メートルにいた二羽（雌と雄）の雄の方がわざわざそのプール雌を出迎えるように進み出た。そのまま雌は歩きだし、ツツーと歩いては立ち止まりしながら私のほぼ正面約15メートルの所に来た。そしてほんのちょっとの間胸を張って私を見てからスタスタと帰っていった。残っていた二羽は約6メートルも進み出て帰ってきた雌を出迎えたのである。

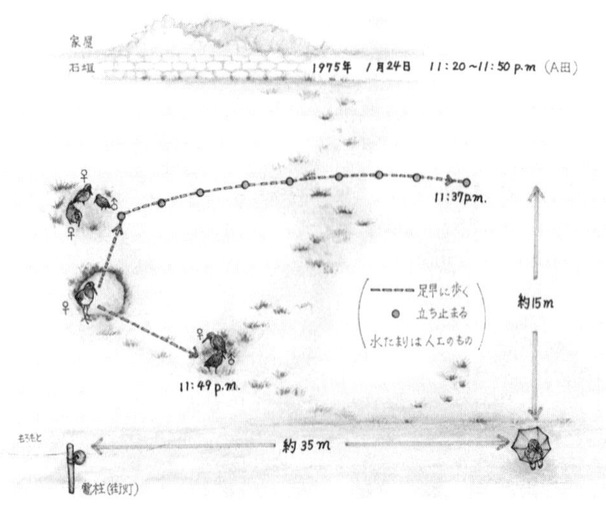

2―⑥ リーダー雌の偵察

偵察に出かけるプール雌を送り出した雌と雄は、帰ってきたプール雌の方に進み出て出迎えたのである。幾分首を立てている程度で、どの個体も特別な儀式的姿勢はせず向き合っているだけだったが、送り出し、迎える行動は、リーダー雌と他の仲間が絶えずコミュニケーションをはかるための行動であるのだろう。控えているべきものたちと独占力を持つリーダー雌という順位のあることを示していた。群れの秩序が成り立っていると見てよいだろう。

プールを増やす

順位の存在を見届けて、その次の課題として控えのものたちの行動が気になりだした。彼らは、ただ控えているだけなのか、立場の差があるとすればどのようなものなのか。それを確かめるために、私はプールを増やしてみることにしたが、その増設のためのアイデアは1975年1月25日夜中（0:30～1:30a.m.）に経験したA田プール前の攻防戦が元になっていた。

プールとその周辺の距離は日中に物差しで測ってあった。夕方プール独占雌が飛来、何事もなかったかのように餌を食べていた。5メートル南に雄二羽がいて採餌行動をする分には何も起こらないが、その内の一羽が3.5メートル地点まで歩いて行くと雌が飛んでき追っ払った。東に少し逃げた相手を追っている隙にもう一羽の雄がプールを狙って歩みでてき、首を立て警戒態勢に入っていたところをプール雌に追われた。

雄たちは雌のいるプールを狙って歩み寄る。その際、5メートルの距離を保てば攻撃されないが、3.5メートルになると間違いなく追い立てられる。この5メートルという距離は、他の数々の場面で目撃しているが、この牛田のタマシギたちの競争相手に対して守るべき間合いと言ってよいだろう。ヘーディガーが言う表現を借りると、その5メートルの距離がタマシギの「個体距離」(第5章、第6章でも触れる）であると考えた。この経験に基づきプールを増設した(2月2日)。

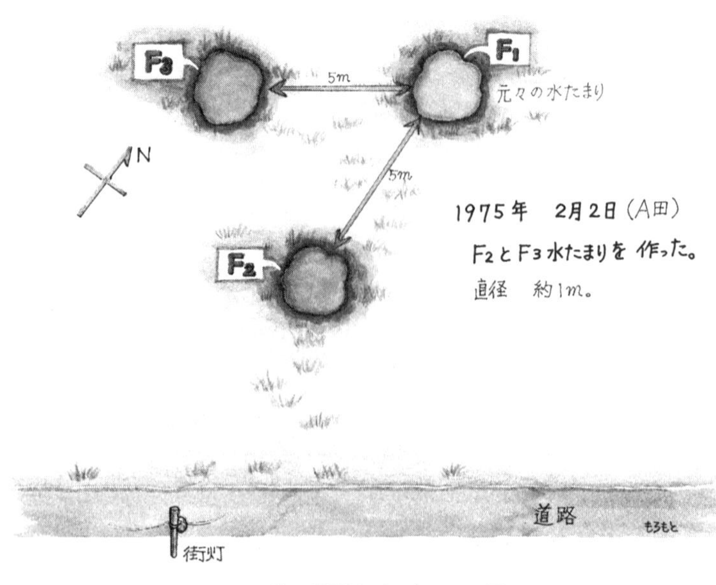

2―⑦　増設したプールの図
（1975.2.2　A田）

2月2日の夕方早くに作ったプールにF1、F2、F3と名前を付け、ともにモミ米を一握りずつ置いてその夜の観察に備えた。F1はすぐに問題の雌が獲得し、F2には別の雌がとり付いた。

F3には予想していたとおりどの個体も現れなかった。それを作ったのは、3番手になる個体があるかどうか確かめるためである。実は、プール独占雌には、その夜中すぎ（2:40 ～ 5:30a.m.）一羽の雌があちらこちらと方角を変えて近寄ろうとしていた。しかし、その度にF1雌に追っ払われていた。接近を試みる雌はF1雌まで約1メートルの距離まで近寄ることもあった。数日後には一羽の雄もF1に迫ることになる。このことも含め、プール脇は群れの個体間の関係に**揺らぎ**が見え始める頃にさしかかっていたのである。

2月3日から2月10日まで彼らがプール脇で見せた目立った行動を見てみよう。特に7日から9日の間にその揺らぎが目に見える形になって表れた。

1975年

2/3　F1、F2プールにそれぞれ雌が立ち、F3には何の姿もなかった。翌日調べてもF3の餌は全く触れられていなかった。

2/6　同じ光景がこの日の夜中まで続いた。

2/7　F1雌がプール定位置に立っている。その約40センチの所に一羽の雄が立って動かない。連日アプローチを試みここまで近寄れるようになったものである。これはつがい形成に向かう行動と思わせる。詳しくは、後にまとめる。

2/8　早朝D田ハイドの斜め北に五羽の群れが見えていた。群れの主体はこのD田に集まり始めたのである。そして夜、これまで平穏であったA田ではイザコザが始まった。プールを西の方から狙うもう一羽の雌が現れた。その雌はF1雌とF2雌がそれぞれのプールに立っているところに侵入しようとした。

プールを守る二羽の雌は一斉に駆け出し侵入しようとした雌を西の方に追っ払った。その二羽が帰る途中それぞれのプールから5メートルのところでF1雌はF2雌に突っかかり、F２雌をF2の方に追っ払った。

2/9　この夜はF1雌が姿を見せなかった。代わりに先日来の雄がF1に現れた。ただ彼の地位はまだ確立していないのか少しおどおどしていた。時に道を通る車のライトに敏感に反応し、プールからサーと陸に上がった。その内、彼が陸に上がった隙をみて、F2にいたF2雌がいっきに走ってF１に入ろうとした。するとすかさず先の雄が片方の翼を上げ激しく威嚇。F2雌は、すごすごという態度でF2に戻った。雄は既に地位が上がっていて、F1を守る立場を獲得しつつあるようであった。

タマシギの社会に順位があった

この第二位の位置を占めるF2雌は、自分の持ち場で餌は食べられる。しかし、F1に近づこうとする。このことは、F2雌が、食べるものでなく、F1の雌が示すその地位を狙っていたと考えてよいだろう。彼らの争いは、このように、夜の暗がりの中で進行していた。

F1に立った雄は既にF1独占雌とつがいになっていたと

見てよいだろう。その雄はF1を２月９日の夜には実際に守っていた。

この数日の彼らの動きは、春先の群れを構成する個々のタマシギたちの状態を覗かせてくれた。理由が分からないが、F1雌は時々姿を消す。するとF1をめぐって争いが起こる。雌が留守にすると、F1雌にアプローチ済みのその雄が雌に代わってF1を守った。

第３位の雌の存在は許されなかった。その事と関連すると思えるのは、F3は何時まで経ってもモミ米が食べられることがなかった。そして、最初に設定した５メートルの距離は、エドワードホールが引用しているヘーディガーの用いた「個体距離」という概念、その説明の一部分である「仲間との間に置く正常な空間」（p.18）に相当するものであろう。

F1雌がいることで、争いが起こらない。そして雌が留守の間に地位を獲得したと見られる雄がプールに立つことで、F2雌もF2にとどまる。このことからこの群れに順位制が存在すると言うことも可能であろう。その順位制の存在とタマシギ社会の安定はつながっているようである。

にじり寄る雄が順位を確立した

少し日付が後戻りするが、F1雌ににじり寄りを繰り返した雄の行動をここで詳しくたどる必要があるだろう。２月３日の夕方には、F1、F2ともに雌が立ち、争いもなく平穏な時間が過ぎていた。一度一羽の雄が西から近寄ろうとしてプール雌に追われた。その雄は、F3には目もくれず、ただF1プールに近寄ろうとした。次の日に見に行くと、F3のモミ米は手を付けられていなかった。それ故、この雄は餌のモミ米を求めているのではない。プールF1の雌を求めていると考えられた。

1975年

2/7　夜の観察になった。この日から雄に変化がみられた。F1プールの塒に雌、南の岸に雄の姿があった(10:27p.m.)。3分もすると雄は雌まで40センチの水際まで近寄る。雌が餌を採りに水の中に出ても雄は水際で動かない。5分たってもこの状況に変わりはなかった。

この日も雄はF1雌、つまりリーダー雌、に狙いを絞っていて、F3の餌は勿論F1の餌も眼中になかったようである。ともかくかなり接近することが出来るようになった。そして、次の日には、この牛田のタマシギ世界に大きな展開の徴が見えたのである。

2/8　朝7時10分。E田に番とみられる雄と雌の姿が現れた。E田はぬかるんでいず、この時期は、ただ切り株が並ぶ稲田で見通しがとてもよい。D田にはほかの仲間がいるので、この二羽はそこを離れて歩いていると見られた。これは繁殖期に特徴的な開けた空間を歩く行動で、私はハネムーン・ウォークと呼んでいる（第6章で触れる）。写真を詳しく見比べても、この雌はリーダー雌とは別個体であると思われた。しかし、番形成の時期が近づいていることを示していた。

2月8日夕方、A田の観察に向かった。F1雌とF2雌はお互いの陣地から約2メートル出て張り合いを続け、更に別の雌を共同で追い払っていた。つまり、ここの二羽以外はこの牛田の群れの順位にも入れないらしい。いつまでたってもF3の餌は食べられることはなかったのだ。そして、雄の雌への接近はこの日も暗がりの中で続いていた。2月8日夕方の観察は次のように続く。

2月8日

7:04　雄はF1雌に東南70センチまで近づき、そのままうずくまるような姿勢で動かなくなった。何も起こらなかった。

7:11　雄は更に20センチまで近づくが、約1分後に雌に追われた。

翌日2月9日、雄の行動は更に熱を帯びだした。観察時間は夕方6時9分から7時までであったが、雄の狙いは一つの結末に至ったとみて早めに観察を切り上げた。

2月9日

6:12　雄がF1に直接飛来した。このこと自体初めてであった。更にプールに入り餌を食べだした。

6:14　雌1羽F1南岸1メートルに下りた。雄は西岸に上がっていたが、またスタスタと水に戻った。しかし、落ち着きがない。雄は西岸で羽繕い。

6:20　雌は足早にF2に向かった。雌は、途中で戻りかけたが、雄が嘴をぐっと雌に向け歩み出す動きを見せたので、ひるんだその雌はF2に行きそこで餌を食べだした。その雄はF1を守っているのだ。

雄がF2雌を追い払う行動はその夕方回を追うごとに激しさを増した。そして、雌を追い立てる距離もだんだん伸びた。雄がF1プールの占有権を主張し、ほぼ手に入れたようであった。

つがい形成の儀式らしい動きはこの雄のにじり寄り以外見ることは出来なかった。憶測ではあるが、この夕方から夜の活動、雌と雄のやりとりの中で形作られるのであろう。雄が自らの活動の幅をじわじわと広げ、つがいの相手としての立場を獲得していきつつある中で、雌のリーダーシップそのものは後退し巣作り間近になるとぐっと控えめになっていく。このことは、後の章で述べることになる。

独占に雌の適応の跡をみた

F1の占有権を雄が手に入れ、F2雌はその下位に位置することになった。ここで、もしその日F1雌がいたとすれば、つがいの成立の図が完結したかもしれないが、雌の不在で、雄だけの占有に対する強い欲求行動を見るだけに終わった。

つがいができあがる際の一つの条件であろうが、残念ながら、そこからつがいとなって一緒に行動するまでどんな手順あるいは行動が存在するのかは見届けられなかった。

ここでタマシギ社会には序列が存在することがはっきりとした。それによりこの群れ社会が整えられている。そして雄は繁殖期が近づくと雌の領分に迫り、雌ににじり寄り、何とか雌の守っていたところに食い込んでその力の及ぶ領域を広げる仕組みが見えてきたと言ってもよいだろう。

雄がプール独占雌の持ち場に食い込み、そこに立ち入る権利をほぼ手中にしたことで、タマシギ社会の繁殖に向かうスイッチが入ったことは間違いないであろう。その直後にＤ田に移った群れの中で、ハイド前に陣取った一つの番は、夕方にはＡ田プールに出かけながら、Ｄ田ハイド前で縄張りを主張し始めたのである。

昼の世界ではよく見えなかった雌の役割、群れの中でのリーダーシップは、夜の群れの中で発揮されていた。雌の立場からすれば大いに矛盾しているが、繁殖から解放されている秋から冬にかけての群れ生活で、しかも夜の闇の中でそのリーダーシップを表現するのが自然の理にかなっていた。目立つという昼間の世界での大きな制約も受けずに済ますことが出来るというのが最大のポイントではないか。派手な体の色、雄よりはずっと発達した鳴き声に関わることなく、リーダーとしての振舞いを夜の暗闇で発揮できるように雌は適応してきたと考える道筋も立てられるであろう。

群れのリーダーとして独占的地位を保ってきた雌の立場が一方にあり、そこに雄が立ち入る権利を獲得したところから、繁殖期の縄張りを守る雄の立場が立ち現れる。雌は、そこからリーダーとしての行動がぐんと控えめになる。雌からすれば大きな譲歩である。このような雄と雌の役割のすり合わせがある。タマシギが背負うと考えられる矛盾、雄と雌の体色が一般的な鳥とは逆転しているという事実を乗り越えてくる過程での両者のすり合わせが、タマシギたちの不思議な生態を形作っていると言ってもよいのではないか。

ここに観察記録から引用した状況は1975年春先のことである。夕方のA田での観察はこの後2月後半まで続いた。そこで、A田での観察を続けるべきか迷ったが、このA田にむけ彼らが出発してくるD田の活動が活発になる頃であり、また有難いことに丁度そのD田脇に建つ駒井ビルの主人がビル地下室の資材置き場を使ってもいいよと言われたこともあり、資材の隙間にハイドを張らせてもらった。私の観察はD田にその中心が移ることになった。

地下室の床と田の表との高さの差は約1.3メートルだから、タマシギたちは手が届くようなところにいる。更に、ハイドの覗き穴からはD田のほぼ東南側半分を楽々と見渡すことが出来た。雨の日も、雪の日も落ち着いて観察でき、そこへの出入りは人間にもタマシギにも見られることがなかった。D田での観察については後の章に譲ることにする。

第3章　タマシギたちの言葉

—草むらの声・体の動き—

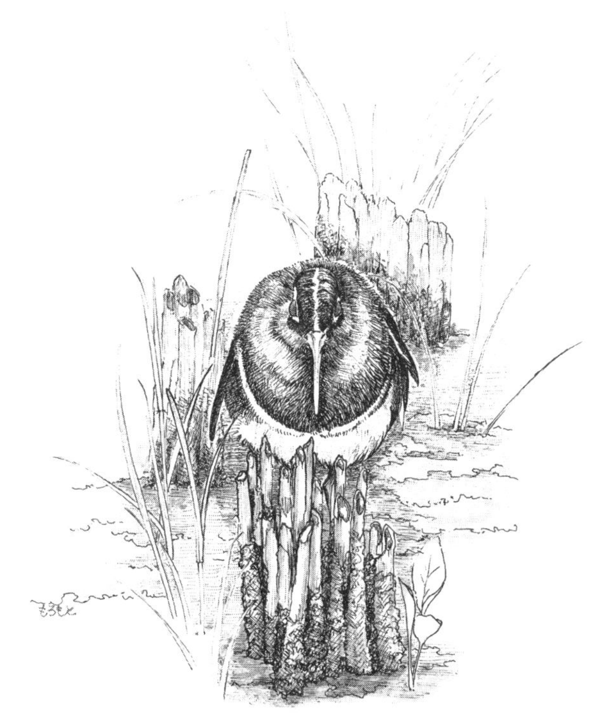

3—① 雌が歌う時 前から見るとこんな姿になる

タマシギの雌はコオーと鳴く。そのように鳴くと聞いて知っている程度で、牛田に引っ越すまで現実にどんなところで、どんな風に鳴くのか、肌で感じたことはなかった。

彼らは生活の大部分の時間を草むらで過ごしている。滅多に大きな声を出さず、黙々と地面の泥に嘴を突っ込み、小群をなして歩き回っている。彼らは草陰に身をひそめていると言ってもよく、それに体色のカモフラージュ効果がよく働いているので、初めは動きそのものを捉えるのが難しかった。彼らの体の動きには荒々しいところはなく、とても平穏な生き方をしている。それは声の出し方にも表れているようであった。

彼らと身近に接し、雌の見事な首の色合い、その首が大きく膨らむ様子に目を見張る日々が続いた。雌は実際どんな時に鳴くのか、その実態を更に知りたかった。ともかく時間をかけて観察するのが楽しかった。雄は雄でその声を草むらに流すが、遠くまで届くものではない。狭い範囲で有効なものに違いない。雌の繁殖期にあげる鳴き声とは大違いである。雌と雄の鳴き声が持つこの特徴がタマシギの社会の現実を示しているようであった。

雄と雌の振る舞いに関しては、雌が目立つディスプレイ動作をするなど、儀式的要素をその生活上の端々に確立しているのに比べ、雄のディスプレイは、実際の生活に即した動作にその特徴を見せる。これはタマシギたちの生活上の必要から必然的に起こった適応に由来するものと言ってよいのであろう。

この章で語っていくことは、今から約40年前に私が観察地の牛田、中山で経験したことに基づいている。幸いどちらの観察地でもハイドを彼らの生活の中心地に接して張らせてもらえ、目と鼻の先にいる彼らの**つぶやき**を聞きながらその生活を覗き見ることが出来た。彼らの真実にいくらかでも迫ることが出来たのではないかと思っている。

Ｉ　草むらの声

1）音によるコミュニケーション

雌の歌と言うべき、コオーという声は後で触れるとして、最初に取り上げるべき声は、基本となるグワウ！という低く濁った声である。この声はつぶやきであり、音色、高低、強さを変えて多用され伝達の幅は広い。

この声に、私の観察では雄が発すると言ってよいパーッ！という破裂音と、雌に特有のココココ…と聞こえる小さく低い声が加わる。この二つはタマシギの雄と雌が現実に担っている役割を浮き彫りにして際立たせているようであった。

雄と雌に特徴的な鳴き声を便宜的に並べて概観してみよう。

タマシギたちの特徴的な声

雄：　グワウ、（コオー）、パー！

雌：　グワウ、コオー、ココココ…

雄雌ともに、グワウとその変化した声を出す。季節を通じて一番よく出す最も身近で用途の広いつぶやきの類と言ってよいだろう。雄のコオーはカッコに入れてあるが、雌の声に似た声は出すことは出来てもめったに聞かれないことを示している。パーという雄の出す破裂音は相手に対する強いパンチのような役割を果たしていて、雌が出した覚えがない。

雌の歌、コオーは特殊化しており、ココココ…も雌に特徴的な声と言ってよいだろう。次に鳴き声の具体例を記録ノートから引用してみよう。

2) グワウという基本になる声がある

牛田C田の一つの例である。巣に座っていた雄がたまたま巣から出て、隣りの巣の方に約2メートル歩み出た（後の章で触れるように隣りの巣は数メートル先のことが多いので、これは相当隣の雄に近づいたことになる）。巣作りの最中であった隣りの雌は気色ばんで胸を張って見せ、多少抗議をするようにゴワッ！と一声つぶやいて見せた。ただそれだけで争いにはならず、せめぎ合いは避けられた（1973.6.21）。

更にもっと弱く連続してつぶやくゴワゴワという声をよく聞く。一つの例としてあげると、巣作り途中のつがい雄は、巣から約15メートルの所でボンヤリと立っている雌の所にスタスタと足早に、つまり待ちきれないと言わんばかりに、進み、巣材引き（これは巣材となる草の茎などを水中から拾って後ろに投げる動作である）をしながらゴワゴワゴワとつぶやいた。すると、雌はサーと走って巣に戻り、巣に入って産座の上に立った。

巣作りの最中は、特に卵を二つ産むまでは雌雄揃って巣の側にいるのが普通であるから、雄が雌に巣に戻るように催促するのも当然だったと考えられる。この場合はごく穏やかなつぶやきだったようだ（1973.6.21）。

グワウという声は、つぶやきと言うべきものであり、他の番に対する軽い抗議であったり、自分のつがい相手に対し、声を少し変形させてつぶやきを連続して相手が行動しだすよう促す催促としても働く。

次に、牛田D田ハイド前にいたつがい雌の声である。夕方暗くなりかけていた。20メートルばかり西の草むらで別の雌がコオーと歌いだした。これはよくある場面で、向こうの雌は、ハイド前の雌に対して挑戦していると考えられる。何故なら、ハイド前に陣取る雌は、その田の一番よい所を占有しているつがいの雌で、つがいはずっと安定してそこに居たからである。前の章で触れたことがあるが、プールを狙う雌の立場を思わせる光景である。というのは、春は進み繁殖に向かうエネルギーは体に満ち、群れの頂点を狙う相手の雌は歌いだす状況にいるのが想像できるからである。

この相手雌の歌に、目の前の雌はグワウ！と一声出して応じただけであった。軽く相手を牽制してあしらった響きがあった(1975.3.25)。

それに、雌がこのグワウを少し変形してギョウと鳴くこともある。遠くのカラスの声が聞こえた時だ。採餌中のつがいの雌がギョウと鳴いたのである。小さい声で、頭を上げたついでに鳴いたという印象が強かった(1974.4.3)。

3) 雄と雌はつぶやき合う

次にここでは、つがいの雌が小さくつぶやき、雄がそれに答えるという殆どお互いの会話のようなやり取りの例を取り上げてみよう。

牛田C田に新しい巣が出来ていた。巣にはまだ2卵しかなかった。小雨の中私は離れたところに止めた車の中に潜みじっと見守っていた。そこの道路は少し高いところにあるから、田に入らなくても、殆どの場合、卵の数は分かるのである。

Nj と呼んでいた巣から出た雄は、巣材を水の中から自分の足元に引き寄せながら（この動作は「巣材引き」と呼んでいる）約 2 メートル進んで、また同じ動作を繰り返しながら巣の近くに戻った。雌の方は、よく見る光景であるが、巣から約 15 メートル西南の草の中で採餌中である。2 卵産んだ後で、雌が巣からかなり離れて草むらに潜んでいるのは牛田では普通の光景であった。

まだ朝早く人通りも少ないので、周りの家々が反響板になって彼らの声は普段より一層よく聞こえる。雌が時々かすれた細く小さいクーという声を出す。それに反応して雄の方は遥かに大きく太くクワッと鳴き返す。この声の大小は何を意味するのかと注目していると、彼らのその後の動きが自ずと答えてくれることになった。

これもよく遭遇する光景であるが、雌はこの朝産卵しようとしながらなかなか産めないようである。雌の様子とか細い声は卵を産むタイミングが来ていないことを暗示していたようである。一方雄の方は巣作りを進めたい欲求はとても強く、威嚇に近い調子で雌に答えていたと考えている。彼は巣に入ったり出たり全く落ち着かなかったからである。

それだけでなく、雄は雌の近くまで飛んで行った。雌は雄の方に歩み寄ると、そこでバタフライ・ダンスを盛んに始めた。これは、後で説明するように、彼らが解放感に満ち喜びに溢れるままに踊るものである。応じて雄も踊りに参加し、数回踊りを見せた。このダンスは、仲間が同じように踊ることに意味があり、興奮を共有できたところで終わるようである。

それが済むと、間もなく雌は独りで巣に向かった。残った雄はその場で水浴びをゆっくりしてから巣に帰って行った。雄が帰ると、雌は巣の中に座って周りの草を引き下ろし、巣を覆い隠すような作業にかかっていた（1974.5.31, 6:20 ～ 7:00a.m.）。

雌は自分の存在を主張するために軽くグワウと鳴いてみたり、殆ど鳴く理由もないと思われるのにただ物音に反応してギョウと鳴くこともある。雌は、このようにグワウを変形し、比較的高い音を交えて鳴くことが度々あるようである。驚いた時などキエーという類の声になったりする。こんな風に、彼らは雄雌の区別なく、この基本のつぶやきを多様に変化させ、お互いに時々の自らの状況を伝え合っているようである。

次に更に変形した声を取り上げてみる。上に書いたキエーとよく似て低いクエーと聞こえる声も出す。

中山のハイドのすぐ前にあるつがいが巣を作り始めた。巣の中で立ったり座ったりして座り心地を確かめるような動作をしていた雄（正成と名づけていた）は間もなく歩いて巣を出た。巣の脇にいた雌（名前はお福）はすぐに交代して巣に入った。滅多にないことだが、雄はなかなか戻らなかった。ハイドの脇の建物の屋根にはその日3，4人の人が上がり工事をしていた。そのためかつがいの二羽は落ち着かなかったのだろう、それから約10分間に3度もクエーッ、クエーッと雌は巣の中で鳴きつづけた。雌は帰ってこない雄に呼び掛けていたと考えるのが自然であろう。巣作りの最中につがいのどちらかが10分も巣の場所を離れることは、私の知る限り、あり得ないのである（1983.4.2）。このキエーも、文字にすると高く大きな声のような印象を与えかねないが、実は、草むらをスーッと通り抜けていく類のやや控えめな声であり、田んぼの広い範囲に届くというものではなかった。

次は雄が雌を巣に呼び寄せようとした時の鳴き声である。

牛田でのこと、A田にAn12と名付けられたつがいの巣ができ、そこには既に2卵が産み込まれていた。卵を抱いていた雄は巣を出て、約2分間羽根繕い（巣を出たすぐのところで羽根繕いをするのはよく見る光景である）。そして雌（約21メートル離れて採餌中）に向かって長いことクおウ、クおウ*と鳴きつづけた。雄は、それだけではすまず、巣に入ったり出たり全く落ち着かない様子を見せ、とうとう雌の近くまで飛んだ。直接アピールしたのだ。その後雌は巣に戻り、巣に入って周りに生えている草を嘴で引き下ろすなど巣の補修をしだした。雄の方は、欲求が満たされ安堵したかのように、雌のいたあたりで念入りに水浴びをしだした（1977.6.13）。

つぶやきの一変形として、強い訴えを相手に投げかけるクエーはよく聞かれる声である。また最後の例のように、雄が雌の歌の前奏に似た調子で雌に強く訴える場合もあり、これもつぶやきに含めるとすると、彼らタマシギの声による「語り合い」は更に多様で陰影に富んでいると言うべきであろう。

強弱があるとはいえ、つぶやき合いの後の水浴について一例あげたが、コミュニケーションがうまくいった後のくつろぎとも呼ぶべきゆったりした一時は、鳥の行動とはいえ、生きものが見せる貴重な光景である。

*クおウという表記の「お」が平仮名になっているのは意味があり、その音は強く発音されることを表現するものである。この鳴き方は、雌の歌の前奏（p.59～で触れる）によく似た調子であった。

4）威嚇となだめ

次に、パーッ！あるいはプシュウーと聞こえる激しい破裂音である。

例えば、中山ハイド前の出来事がある。一羽だけ残った雛を連れた雄の前に一羽のバンが現れた。雄とバンは約1.5メートルの所で対峙することになり、雄は翼を横いっぱいに広げ威嚇したまま動かない。バンがだんだん横に体を向け出したところで、雄が激しくプファーッと破裂音を投げかけた。それで、バンの番はすごすごと立ち去った。(1984.5.5)。

もう一つの例。中山のハイド前はごく狭いハスの枯れた茎の立つだけの休耕地であった。そこを一組の雄と雌が２月中旬からずっと守っていた。その日偶々その二羽のすぐ前にコサギが歩み寄ったのでひと騒ぎである。雌は頭を下げ翼を両側に広げてコサギにジリジリ迫った。攻撃の態勢だ。雄も同様の姿勢で、しかも翼を開閉しながら威嚇し、次にパーッと破裂音を響かせコサギに向かって跳びかかった。これでコサギは飛んで逃げた（1985.3.9)。

このパーという破裂音はほぼ雄が発するものとして差し支

えないだろう。ごく間近の相手を威嚇し追い払おうとする最後の警告の声である。出来る限り行動にでないで、最後の手段としてまずこの破裂音を相手に浴びせるという、雄特有の生活姿勢を反映していると言ってもよいであろう。これで駄目なら、相手がタマシギの場合、雄は相手ともつれ合い、相手の上に乗ろうとぶつかり合うのが普通である。

雄は、鳴き声に関しても、目立つことなく近い距離で効果を発する手段に訴えるよう適応してきたようである。この破裂音は雄の声の中では最も激しいものと考えてよいだろう。

最後に取り上げるのが、ココココ…という雌が出す小さく低いつぶやきと言える声である。

例えば、二組のつがいが同じ田に巣を構えようとしていた時のことである。一方のつがい雄が単独で隣の巣の方に歩み出て行った。後に残った雌は首を上に伸ばし胸を張って動かず雄を見守っていた。雄の方は隣の雄とにらみ合い、威嚇し合っていたが間もなく巣に帰ってきた。ゆっくりと歩いて帰る雄を迎えて雌はココココ…と鶏の親のような低い声を出していた（1973.6.21）。

もう一つの例をあげておこう。つがいの雄が、近くに巣を構えるつがいの動向を気にかけ、今にも歩いて攻めたてに出向こうとすると、すぐ側にいた雌はすかさず喉の奥から低くこのココココ…の声を出した。雄はそれで出ていくのを止めた（1973.7.4）。

このコココ…という連続で鳴く声は、私の経験では、雌が発したものしか記憶にない。ほぼ全ての場合、雄が勇み立つのをいさめるようにこの声を出すようである。いずれにしても、雌はつがいになると行動は相当に控えめになっているが、リードする立場は形を変え、雄を後ろから支える要素を強く見せることを示していると見て差し支えないだろう。

これらの鳴き声を見渡して、殆ど「意志」というべき内面の微妙な変化が、問題にしたグワウという基本の声の調子に適確に映し出さされているようである。グワウなどごく単純な声である。この声をそれぞれが置かれたその時の状況に応じて微妙に変化させ仲間との生活を維持している様子がうかがえた。最後にあげた雌の声、ココココ…も含め、表現されたものが正確に相手に伝わり反応をよんでいることは驚くべきことであった。

5）雌は歌う

雌はコオーと鳴く。多くは夕暮れ時、田んぼの近くを歩いていると聞こえてくる。丸みを帯びた、どちらかと言うと、にぶい歌声だ。彼らはどのような状況にいる時そんな歌を歌うのか。歌う時の雌の様子をよく見てみよう。

雌は立ち止ると腰を落とし気味にし、体は45度くらいに立てた姿勢になる。この時点で、雌は自分の世界に入り込んで周囲のものは見えないかのように集中した気配を漂わせる。そして、うつむきかげんで首を微妙に前後に動かすと、首の後ろ側が膨らみ始める。この時には、前方から見ると胸が丸く膨らんでまん丸になる。

ここで前奏と言うべき**コおウ**（平仮名の部分の声は高く発音さ

れる）という声が出る。見ていると苦しそうに絞り出すようにこの声を出す。こもった小さめの声で殆どの場合数回出したところで首の後ろの膨らみが胸の方にキョロンと移るとやっとコオーの声が出るのである。

前奏のコおウという声は省かれる場合もあるが、雌の歌は、コおウとコオーの組み合わせが典型的なものである。

この組み合わせは雌に特有なものである。前奏の部分だけに限ると、雄も似たような声を出すことについて既に述べた。とはいえ、この雄の声と雌の前奏を含む歌との差をどう説明すべきか。答えを出すのは難しいとしても、推論は試みることが出来るのではないだろうか。そのための材料となると私が考える事例を取り上げてみよう。

7月に入ったところで、牛田のC田には雄に連れられた三羽の雛がいて、その雛がよく鳴く声が聞こえていた。この雛たちの鳴き声には特徴があった。ピおウ、ピおウ（平仮名の部分は音が高くなる）というものである。

親がちょっと、といっても15メートルくらいだが、雛から離れて餌をさがしたりしていると、ピおウ、ピおウと鳴きたてた。体の大きさは既に親と同じくらいになっていた（彼らが独立したのは約2週間先であった）雛たちはこのようによく鳴いたのである。

気がたっていた雛たちは、道路を人が通るだけで、全員翼を真上に上げて反応。雄親もそれに同調したかのように、狭い田の上空を一周してみせた。この行動はカモフラージュのためであった可能性もある。そして雛たちから約20メートル離れたところに下りると雛たちは一斉に親を呼んだ。それもピおウ、ピおウという声だった（1977.7.3）。

このピおウという声は、成鳥である雌の歌の前奏、雄の呼び声の一つと酷似しているのだ。強いエネルギーを相手に対しぶつけたい時、例えば、巣作りの最中雌をどうしても巣に呼び戻したい時に、雄はコおウを繰り返す。繁殖期にはよく聞くものだ。

この声はどの雛も生まれつき持っていて、雛の時には全員この声を出す。このＣ田の雛たちはこの声をしきりに出した。先の例のように、繁殖期に雄は雛に戻ったようなこのピおウに似た声を出すが、歌を歌う方向に進化が向かうことはなかったようである。

このピおウという声はタマシギにとって最も基本となる声と言ってよいだろう。雄はこの声を歌う方向に進化させることはなかったが、雌は最大限にこの声の働きを拡大し、コおウという前奏を土台にしながらコオーと歌えるように進化発展する道に進んだのではないか。

この例が示すように、雛たちは、驚くと皆一斉に翼を上にさし上げた。これは、「Ⅱ　体の動き」の項で述べるバタフライ・ディスプレイに通じるものであろう。タマシギたちは雄雌に拘わらず、この動作を生まれた時からするのである。親の動作を見て学んだものでない。驚いたり興奮したりした場合、瞬間的に見せる反応である。雌はこの動作を発展させ儀式的なものに仕上げ、多用するようになり、雄は同様に動作できてもこの派手な動作はあまり見せないように適応してきたと考えている。

実際の生活の上で見られる雄と雌の役割が、それぞれに鳴き声、動作を適応させ進化させてきたと私は推察している。

6）雌はなぜ歌う

雌の歌について思い出しておかなければならないことがある。第2章で触れたプールを占有していた雌がどう振る舞ったかである。

雌（F1 雌）はプールを占有している時に全く歌うことはなかった。雄がそのプールを狙って迫る3月頃になっても、プールを占有しているF1 雌が歌うことはなかった。晩秋から冬を通して占有したところは歌う場面ではないのである。後で示すように、繁殖活動が始まり、番が出来た時点で雌が歌いだすのがこの牛田で私が見た雌たちの現実である。

このことを踏まえて、いくつかの歌う光景を見てみよう。

一つ目はG田の例である。牛田G田に巣があった。荒起こしが始まりそうだったので、田の持ち主に気をつけてほしいと言っていたのだが、作業をする人にうまく伝わらず巣は壊されてしまった（1974.6.18）。その日の午後遅くなって（7:15p.m.）雄と雌はそろって巣のあった辺りに姿を見せ、そこで雌はコオー、コオーと鳴きだした。その次の夕方も人が田の中にいるにも拘わらず鳴いた。

少し間をおいた7月2日の夕方、雄が現れ、つづいて雌が来て歌を歌いだした。歌いだしてから暗くなったので観察を止めた時刻まで、コオーを886回、前奏を入れると軽く1000回を超えたであろう（6:23 ～ 7:25p.m.）。図の説明にあるセットとは、連続して鳴いたまとまりを一つのセットをして数えたものである。

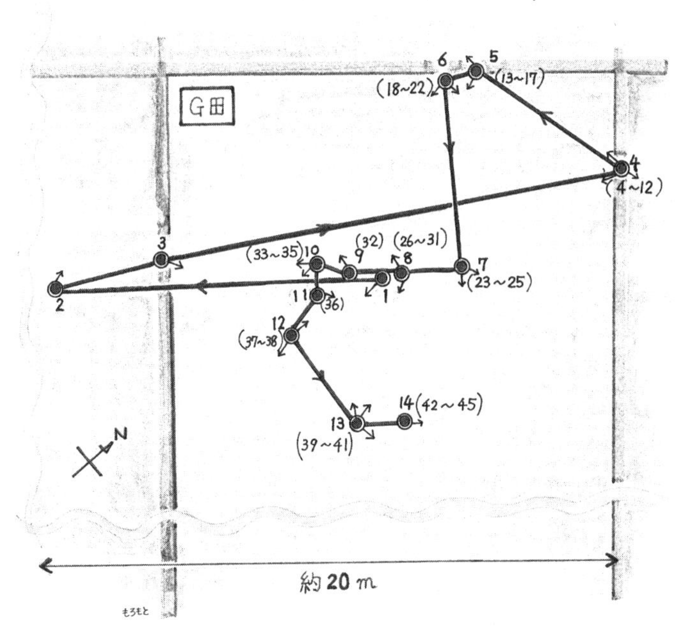

3－②　雌が鳴いたG田の地点図

G 田のこの壊された巣はもう数日で孵化を迎えようとしていた。もちろん雄は巣に座っていた。雌はちょっと離れて控え（牛田では通常相手の雌は例えば約 20 メートル巣から離れた草の中に潜んでいる)、ずっと巣を守る欲求を持ち続けていることが興味深い。当時この田にはこの雄と雌がいるだけで、競合するタマシギはいなかった。壊された巣に対する執着の強さ、更に守るべき巣が壊されたことに対する、人間の感情に例えて言えば、激しい怒りに似たエネルギーが爆発的に発散することにつながった例と考えてよいだろう。

これは、雌の鳴き声として極めて長く鳴いた例である。たった一例とはいえ、タマシギの実際をうつしていると考え、取り上げた。付け加えると、約 100 メートル四方の田は住宅に囲まれ、他にタマシギは、いるとしても約 200 メートル離れた田にいて、このつがいの張り合うべき個体はそこの田にはいなかった。

この場合、これもつがい状態にある雌が相手の雄の側にいて、壊された巣のあった辺りで鳴いていたのである。

二つ目の例を見てみよう。牛田 D 田ハイド前で既に雄と雌が他の仲間から離れてずっと一緒に行動し始めた頃のことである。繁殖活動が始まったと見てよいであろう。

2 月末のことである。牛田 D 田ハイドのすぐ前には朝からタマシギの雄と雌が陣取っていた。早いものは冬場の緩やかな集団の形を抜け、このように二羽が群れとは別行動するのがタマシギたちの春先の姿であった。3月初めまで続いていたA田冬場のプール際のイザコザが急に影をひそめたこともあり、観察はD田での朝の観察に移っていた。

ハイドの前約10メートル四方の地面をその雄と雌は歩き回り、その他の数羽のタマシギたちを田の周辺部におしやっているのが毎日見られるようになった。ハイドの先約7メートルの所に小さな水たまりとハナショウブの小さな株があり、雄と雌はそろってその水たまりに出向いて雌が歌いだしたのである。この年最初の歌声であった。雄の方は、その時期田の周辺部にいるまだ独り者の雄一羽を目の敵にして追い払いにかかっていた。雌は歌い雄は一時的なこの縄張りを守る実際の争いごとに力を注いでいた（第4章以下で詳しく触れる予定）のである。

更に、雄の側で性的興奮度が高まっている行動が見られた。身体を堅くし、首を立てて足踏み風にトコトコ歩きをしだした。これは交尾直前によく雌がする仕草である。これも雛の時の振る舞いに戻る行動のようであるが、雄は雌の後ろから、もう一度は真横から体をすりつけた。それから約40分後に雌が歌いだしたのである。（1975.3.9）

この雌が歌ったのは、雄が体を雌にすり寄せてから40分も後のことである。歌は、その時25回続いたが、つがいの間の性的な興奮はまだ盛り上がっているようには見受けられないが、水たまりに出ていくことは、その向こうのこの田の端に並んでいる他のものたちに向かって歌うことにつながる。それは周辺部に控える他の個体たちへの誇示行動である。それは日常のこの雌の行動から判断できる。番になっていることから来る内的エネルギーの高まりを発散し、周囲に知らしめていたと私は解釈している。この行動は、よく遭遇するものである。

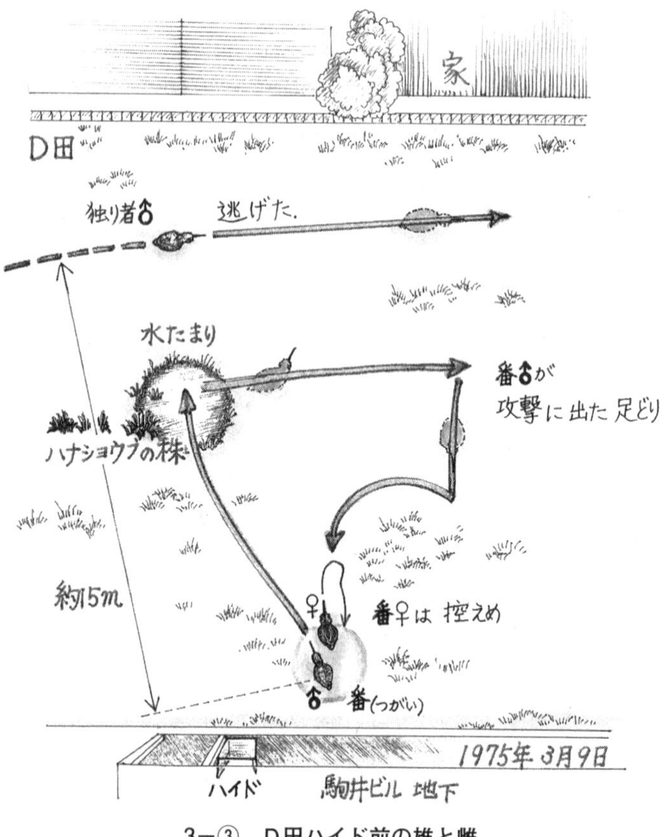

3－③　D田ハイド前の雄と雌

（1975.3.9. 5:50p.m.）

三つ目の例は、更に季節が進んだ時のもので、同じＤ田ハイド前の同じつがいである。夕方になって、この牛田のタマシギ社会では、殆どがにらみ合い、威嚇し合いで済むが、つがい同士のツバ競り合いが盛んに起こるようになっていた。

田の西北部の少し離れたところにいるつがいの雌がグワウと鳴いた（6:32p.m.）。そして間もなくまたその雌からコおウの声が上がった。ハイド前の雌は声がした方を向いたギョウ！と一声発して反応を示してから、歌いだした。５分間で 67 回コオーが続いた。（1975.3.25）

そして間もなくハイド前雌がＡ田方向に飛び立っていき（6:45p.m.）、雄も飛び立って（6:54p.m.）、目の前には何もいなくなっていた。この飛行は、夕方に起こる移動の飛行であった。

この例には二つの意味があるように見える。

その一つは、３月末には他のつがいの鳴き声がきっかけとなり、既につがいの形をとり活動していた二羽は敏感に反応し、雌が歌いだす。雄もその雌の側にいて既にずっと共に行動している。両者の性的興奮度もかなり高まっていると見てよいだろうし、その内的状況が雌に自分のつがいの存在を誇示する歌を歌う行為に導いたようである。つまり、雌はつがい状態になり、その状態を誇示するために歌うことに私は注目しているのである。

もう一つは彼らの縄張りに関わることである。この歌が特定の場所（この場合はハイド前の地面）を固定した縄張りとして主張している気配は希薄である。何故なら、少し暗くなると雄雌ともに別の田に移動してしまうからである。これは例年のことで、この地では普遍的なものであると言ってよいだろう。

これらタマシギたちの鳴き声を見渡して、私は次のようなことを考えてみた。

群れをリードする雌は、目立つ体の色合いなどを利用して繁殖の先頭に立つかに見えて、実は繁殖期にさしかかるとその行動を控えめにする傾向を見せる。繁殖の主な仕事から解放されてきた雌は、その持てる余分のエネルギーを別の方向に向かわせるようになる。

次の話題に絡めて言うと、雌はタマシギ共通の翼上げ動作を発展させディスプレイにまで進化させた。いわば装飾的なものに進化させた。それと同様、共通の強い欲求を表明する雛の時からのピオウという声を特殊に変形し、コオーという歌にまで進化させることになったと言うことが出来るのではないだろうか。

雛の時の声に込められていた激しい欲求の声を繰り返したこと、それを繰り返すことにより得られる解放感がその根本にあったのであろう。

つがい関係が固まり始め、人間の感情に例えると、喜びに似た興奮状態に達し、強い欲求の声と結びつき、それを反復くり返すことにより形を成し始め、仲間に対する誇示の効果をあげる達成感も共有することが出来たとすると、ますますその声の形は進化し、タマシギ社会が共感できる儀式的声となるなど進化の道筋を考えてみたのである。

つまり、タマシギの雌は、この種が生来持っている特有の声を特殊に発展させ、その結果、雌の歌は、あまりに特殊化し繁殖期においてもほぼその初期の時期に限定され、象徴的な位置づけをせざるを得ないものになったと言ってもいいのではないだろうか。これは、次の話題、雌のバタフライ・ディスプレイと私が呼んでいる動作についても言えることである。

一方、雄の方は声を出す点においては実際的用途、つまり主に繁殖期に目立たずに自らの立場を表明する生活に特化し、適応してきたのではないだろうか。

II　体の動き

動作によって彼らはその個体の内側に湧き起こるもの、敢えて言うと「心理的欲求」を具体的に目に見える形にする。これを更に言い換えて情緒の表現、コミュニケーションの手段だとして、仲間とのコミュニケーションから何が見えてくるか。声による表現と比べて、雄と雌は体の使い方に関してどのような違いを見せるのか。雌の独自の動作、翼を上にできる限り上げ見せびらかせる行動は雌のリーダーとしての立場を示しているようであるが、その動作は果たしてどこから来たのか、どのような位置づけをすればよいのか。

一方、雄たちには雌と比べると目立って多発する動作がある。それらは元々雄雌両方に見られ、雄独占のものとは言えないが、実際の目撃例の多さからして雄が特化して発達させ活用していると考えられるものである。最も よく目にする動作から始めよう。

1）防御の動作を多用する

牛田でも中山でも、よく馴染んでいた田んぼは観察している地面より1.3メートルから2.5メートルくらい下に位置していたので、私はいつも上から眺めていることが出来た。草むらであっても大抵の動作はよく見えた。その中で最もよく目にする姿は、彼らの防御姿勢である。ぬかるんだ田んぼであるから、イタチなどの動物はほぼ立ち入りようがないように見えた。

タマシギたちが主に警戒するのは、私の観察地では多くはトビであり、追い払いたいのはコサギなどタマシギの生息地を時に歩き回るものたちであった。巣の卵は時にヘビに襲われた。勿論タマシギの仲間同士の争い・牽制でこれらの攻撃姿勢は頻発する。その防御と攻撃の代表的動作を図示しておこう。

1と2が防御、3が2の展開した形、4と5が攻撃時の姿である。1はトビが突然上空に現れた時など、泥水もかまわず埋もれるように伏せる姿で、もう少し相手が遠いなど余裕があると2のような姿勢をとることが多い。3は2の状態で相手の動きに合わせて体を傾けるもの、この図でいえば、例えばトビは

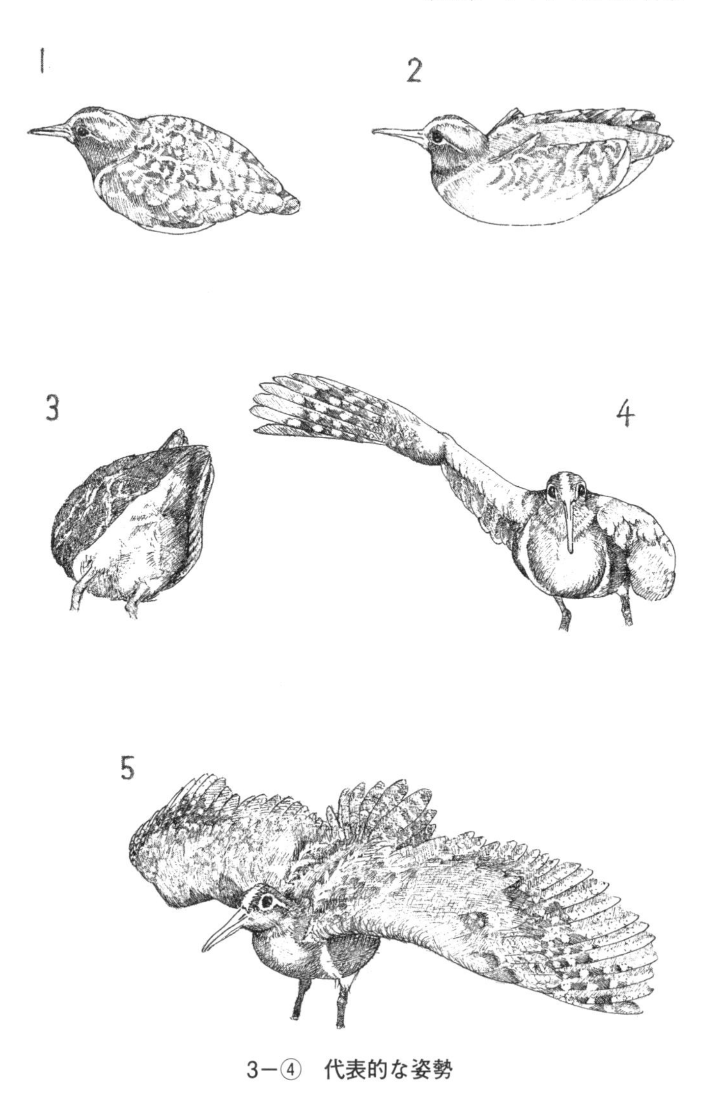

3−④　代表的な姿勢

この個体の左上空に動いたことを示している。相手の動きに正確に反応し身体が傾くので、結果として身体が出来るだけ立体的に見えないようにすることになっているようである。

2) 翼の動きに物言わせる

4番目の姿勢が実際の攻撃時に最もよく見られるものである。相手がタマシギだとすると、片側の翼を約45度の角度にさし上げ、その翼の表を相手に向けるよう体を動かしながら相手にせまり、それでも相手が退散しなければ次には体当たりし相手の上に乗ろうともつれあうことになる。相手に一瞬でも乗るか、ほぼ乗るところまでいけば勝ちとなるようで、相手は退散する。

最後の姿勢は、少し趣が違い、雄がそこに特化して進化させてきた動作のようで、同じ攻撃時の姿勢ながら、実際的ではない。というのは、多くの場合足の動きはほぼ止まってしまい、ただ出来るだけ両側に広げた翼の表を相手に見せつけることに意味があるようなのだ。相手も同じように翼を広げて二羽が対峙することもあり、その場合は、どちらかが翼をすぼめてしまえば、せめぎ合いは終わったも同然で、草むらは静かになる。雌もこの姿勢をとることもあるが、殆どの場合不完全な形に終わり、雄たちのように翼が完全に横いっぱいに開くところは殆ど目撃したことはない。このディスプレイは、巣を守る雄が縄張りをめぐって隣の巣の雄との間で見せ合うことが多く、例えば、次の絵のように雄同士の縄張り争いをしている姿勢が典型的である。草がある時はあまりよく見えない光景だ。

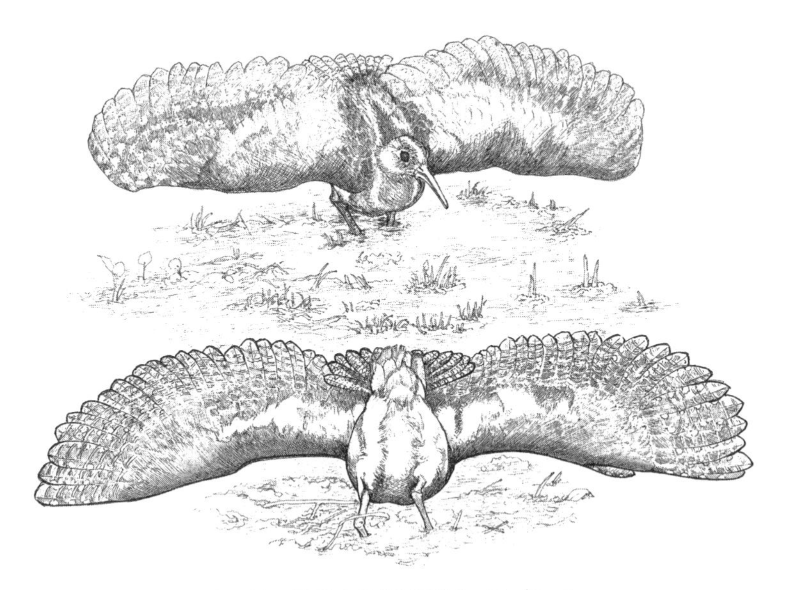

3−⑤　雄同士の翼広げディスプレイ

説明しておこう。これは、何度も話題にしたＣ田の休耕している東北隅の草地での出来事であった。そこには既に三つの巣があり雄がそれぞれ座っていたが、この年は、その最中に荒起こしとなった。1974年6月22日のことである。nj, nk, nl, の三つの巣は、njを残し壊された。それぞれの巣の主たちは、巣のあった辺りに立っていた。草地真ん中のnl雄は約10メートル東のnk雄の方に来たがっていた。それでしきりに小競り合いが起こる。しばしばこの絵のようなディスプレイ合戦が二つの巣があった中間あたりで起こった。

出来るだけ翼を横に広げ、じっと対峙し、しばらくにらみ合いをして双方は分かれるのである。時に既に述べた破裂音を発するが、争いと言うにしては、それは静かなディスプレイ合戦であった。

雌がこの攻撃姿勢を見せるのは、巣作りの前につがいとその他の個体とが地面の占有をめぐって争う時に限られるようだ。しかも、殆どの場合雌の姿勢は不完全のままなのである。

例えば、3月初めにつがいが守っている水たまりに一羽の雄が近づこうとしていた。つがいの雌は走ってその侵入を試みる雄にせまった。その雄は既にきれいな翼開帳の姿勢をして動かない。つがいの雌の方は、70センチばかりまで迫って不完全ながら翼を広げた。しかし、その姿勢は5秒も続かず、雌は横向きになり何の殺気も消して静かになってしまった。こんな事をそのつがい雌は3度も同じように約5秒ずつ繰り返した。その間相手の雄は先の姿勢を続けたままであった。つがいの雌はそこであっさり引き返した。この顔を横に向ける姿勢は他の鳥でもよく知られるように相手をなだめる、または、戦う意志がないことを示しているようである（1973.3.5）。ここで付け足すと、雌は全般に実際の闘争をできるだけ避けようとする傾向がある。

攻撃行動と直結しているもの、片方の翼を上げる動作はそのまま文字に移すと「片翼上げディスプレイ」となるだろう。翼を広げるものを「翼広げディスプレイ」、と書き慣わしている。

前者は雄雌の別なくよく見られるが、殆どが繁殖期に限られると言ってよいだろう。というのは、それ以外の季節には穏やかな群れ生活に入り、激しい動きは殆ど見せないからである。

後者も繁殖期特有のものである。雌においては、巣作りまでの主につがいの完成期に見せるだけで、翼の広げ方が不完全なままである。このディスプレイは雄が自らの縄張りを守ることに特化して進化完成させた姿勢と考えている。実際的な用途を越えて、殆ど儀式的動作の域に達していると見てよいであろう。

草むらで、狭い地面を分け合いながらできるだけ目立たずしかも仲間を激しく威嚇し退散させるには、翼は上に上げず横に広げる方がはるかに安全であったであろう。縄張りと巣を守りながらこの動作を繰り返すうちに、雄たちは、その威嚇の形を熟成させ完成度を高めてきたのではないかと考えている。

次に翼を上にさし上げ静止する姿勢がある。これは、タマシギの雌が特に進化させ完成させた形と言ってよいだろう。蝶々のように羽根をぱっと跳ね上げるところから、私は、バタフライ・ディスプレイ（蝶々踊り）と呼ぶことにしている。

この動作は、第２章で取り上げたもの、群れで行う踊りとは基本的要素を共有しているようだが、用途が全く違う。群れのものは、喜びに結び付く要素が強く、バタフライ・ダンスと呼ぶことにしている。

実は、雄もこの蝶々踊りの形は強くアピールする時に見せるのである。雄が巣に帰るように雌に急き立てる時に見せるもので次の絵はその場面である（1973.6.20）。

次に、もっと日常的に頻発する似た形の動作は、水浴後の盛んな翼上げ動作である。これは、雄にも雌にも共通である。

雄が示す強い要求、水浴後の水切り行動は一種の解放感を得ることにつながっているようである。どちらも強いカタルシスを感じている、つまりこの動作により強いカタルシスの効果、

3−⑥　雄のバタフライ・ディスプレイ
巣に帰るよう雌にアピールしている

充足感を得ていると思われる。

今あげた三つの動作は、見た目にはほとんど変わらない。彼らがさまざまな場面でこの同じ形を活用するということは、それらの根底に基本となる内的状態があると考えても不自然ではないだろう。カタルシスとしての働きを受け持つ動作になっていると考えてよいであろう。

この解釈が妥当なものとして、このディスプレイの形とカタルシスの働きは何処から来たのだろう。私の見るところ、この動作は生まれつき備わっている。孵化した2、3日しかたっていない雛たちが全員この動作を見せる。何かの音などに驚くと全員そろってぱっと翼を上げる。

ある孵化後17日目の雛たちが、まだ少ししか伸びていない稲の株の間で休息中に、隣りの巣の親が接近するので反応し盛んにバタフライ・ディスプレイを繰り返し見せていたこともある（1974.6.22）。またもう独立した若鳥三羽が、草むらから自分の姿を隠すことが出来ないほど草のない田に出た瞬間に全員がこのディスプレイを見せたこともあった（1984.6.30）。

これら列挙した例が示していることは、現在問題にしているディスプレイが「転移行動」であるということである。ティンバーゲンが、その著書、『動物のことば』で述べていることが参考になるであろう。「誇示運動のいくつかは他の行動型から由来した運動から成り立っている…根底にある色々な衝動の諸要素を結合したもの…から由来した転移行動である。」（p.107）

環境が急変した時、また驚いた時、タマシギはこの翼を上げる動作をするように生まれついているようである。この動作により得られる爽快感を若鳥の間から繰り返し、第２章でも書いたように驚きをそのままこの動作にのせ、しばらく相手に見せつけることが威圧感を与えることをお互いに共有することで、儀式化が進み完成されてきた。ただ見せつけるだけのもので威圧感を与える以外は実際の争いに結びついていないようである。雌の象徴的な存在を際立たせるものとなったと言ってよいのではないか。

ここで私は付け足しておきたい。飛躍するかもしれないが、生きものが、ある行動を進化させ、実用からかなり遠ざかった象徴的な形を作りだすことに、原初的ではあっても、文化と呼んでもよい振る舞いの芽があるのではないかと考えている。

雌が見せる典型的バタフライ・ディスプレイはほぼすべて繁殖期のごく初期に見られる。雌は実際の繁殖行動のごく一部分にしか関わっていないという状況がある。そして、カタルシス効果をその根底に含んでいて、しかも相手を威嚇する効果が高い、更に繁殖期のその時に限り大いに目立つ必要のあるリーダーとしての立場を示すことに有効だとすれば、一気に発散できるこの動作を発展させ儀式的な踊りに進化させ、バタフライ・ディスプレイとして完成させるという方向に雌が進んできたということはあり得るのではないだろうか。

ここでまとめて述べたいことは、このディスプレイが、つがい相手を求めるために使われることは殆どないということである。冬から春にかけてプールを守る時期の最後、つまり、一羽の雄がリーダー雌に迫りだした時でも一切この行動はなかった。その後も何もディスプレイらしき行動も見られなかったが、３月直前Ｄ田脇のハイドの前に雄雌が現れた時には既につがいになっていた。このつがい雌がそこで雄と共に過ごし、他の仲間を意識して追い立てだして初めてこの雌によるディスプレイが見られたのである。つまり、これは、ほぼ全ての場合つがいである状態を誇示するためにする動作である。つがいになって縄張りを守る行動も共同でし始め、それによって刺激を与え合うことにより高まりみなぎってくるエネルギーを発散していると私は考えている。

3）尻の動きで語り合う

この尻の動きも、タマシギたちの生活ぶりをよく示している。草陰を移動しながら、静かに過ごす日常で、目に付くのが、尻を上げる動作、尻を小刻みに上げ下げする動作、それに実にゆっくりと尻を左右に振る動作である。共通しているのが、警戒の状態である。ただし、ここで扱うのは、その時一緒に行動している他の個体に対する態度である。歩いている途中、立ったまま、例えばすぐ後ろにいる雄に雌が尻を向ける光景のことである。

ここのタマシギの場合、相手を「落ち着かせる」効果があり、もう少し解釈を強めると「安心せよ」というサインであることが多い。例えば、観察者である私の前に草の中から出てきた時、前に立って歩いている雌が静かに後ろの雄に向けて尻をぐいっと上げるのである。目立つ動作ではないが、平穏な生活者らしい振舞いのように目に映る。

この尻を相手に向ける動作は、雌から雄に向ける場合が多く、その場面によく出会うが、タマシギ社会での雌のリーダーシップを静かに物語っているようである。繁殖期、特に巣の場所を選んでいる際にその候補になりそうな草の株に尻を押し付ける動作が目に付く。どちらかというと雌の方が主導するという程度で、雄もこの動作はこの時期よく見せる。

この姿は、彼らが草むらで「くつろぐ」時、静かに草株に尻を向けてから休む動作に通じているようで、それぞれの個体が尻を向けて少し上げることで安心する感覚を経験しているからだと推測している。

この姿勢は多くのバリエーションを持ち、全てを語るのは難しいが、代表的なものは、雌が巣の候補地で真後ろにいる雄に高々と尻を上げて見せる行動である。あるいは、その候補地の草株に尻を上げたまま押し付けてみせるなどがある。

もう一つよく見るものとしては、激しい怒りの表現がある。身体は絞り気味にして尻を持ち上げ、次頁の絵のように体の側面を相手に見せるものである。この時は、しばしば翼の雨覆いから白い剣羽が出ていっそう目立つことになる。この場合も番相手の雄は近くで何事もなさそうに採餌行動をしていて両者の違いが際立つ。付け足しておくと、この剣羽はほんの2、3枚あるのみで、突然の風で、目の前にいる雌の閉じた翼の雨覆いの表面からヒラヒラとめくれ、その下には何もないのに気づくことがある。

3−⑦　怒る雌の図

前方に見えるのは雄の尻　閉じた翼の表に剣羽が出ている

次に尻を小刻みに上下する動作は、とても驚いている時、すぐにでもその場を去る気配に満ちた体勢で、脅威を与える相手を見つめている姿が典型的である。それに比べて、尻を左右にゆったり振り動かす場合は、警戒しながらも相手をよく見ていて、隙あらば攻撃に出てもよい体勢を示すこともある姿である。これは、殆ど一本足になり、約40度の角度でゆっくりと左に右にと体を水平に振り動かすものである。それ故、この動作の最中は、体重が一本の足にほぼ乗っかり、かなり余裕がないとできない動きである。

尻の上下の動きが、途中から左右振りに移行する場合、また逆の場合もあるが、それは相手に対するその個体のその時の状況によるようである。逃げようとしていたのが落ち着きを取り戻し少し威嚇に出ようとする時もある。その証拠に、左右に振る時は、先に述べた剣羽が雨覆いに出ることが多い。また、その逆に、威嚇しだしたもののその場を立ち去ろうとする直前に尻を上下に振りだす様子もよく見る。

4）首の動きに威嚇を込める

この首の動きというのは、首を上に伸ばす、そのまま頭を下げて顎を引く、という動作のことである。首をぐっと上に伸ばすと自然に胸が前にせり出し威張った形になる。この相手を威嚇しながら前進するのはタマシギ雌に目立って見られる動作といって差し支えないであろう。

この威張った姿勢は、英語で適当な言葉を探すと‘Imposing posture’と呼ぶにふさわしいものである。ここで是非語っておきたいのは翼の動きの所でも触れたＦ田の一羽の雌のことである。この雌は稀に見る度胸の良い雌で、仲間が群れて巣作りをしているＣ田ではなく隣の乾いたＦ田に巣を構える。他の仲間と群れたくないのか、自信があるのか、他にこんな雌はいなかった。私が通りかかるとゆっくりと道路の方に出てくる。その田は道路と高さが一緒だから、我々の間の距離はうんと近く感じることになる。それでも私に正面から胸を張って向かってくるのである。しばらくそのまま睨みつけてから、また本当にゆっくり田の奥の方に帰る。そのしずしずと立ち去る姿は、威張る姿勢と共に記憶に残るものであった。

次の第4章の最初に示す絵は、その雌のもので、雄の前に立ち、巣作りの途中で巣の場所を離れ雄と共に私に向かってきた時の姿を表わしている。威張って胸を張っているのである。

13年間の観察で、度胸の点でも、バタフライ・ディスプレイの姿形でも、足を前後に開いて踏ん張る姿勢など、総合的にこれだけ見事なタマシギの雌に出会ったことはなかった。

更にこの威張った姿勢には、嘴をぐっと胸元に引き寄せる姿勢、人間でいえば顎を引いた状態がある。雌が主に繁殖期に見せる動作である。

中山の観察地に立てたハイド前には一組のつがいがいた。その向こうにもう一つがいがいて、絶えず手前のつがい領地に侵入しようとしていた。3月22日になっていたから、既に繁殖を迎える気配が濃厚で、2組のつがいは毎日相手の動向に気を配り、張り合っていた。夕方、向こうのつがい雄がそろりそろりとハイド前の餌場に近づいた。あと2メートルのところで、手前つがいの雄が、翼開帳ディスプレイの姿勢をとり、更に突っかかろうとした。そこで、その時現場を離れていた手前の雌はコオーコオーと鳴き、突っかかろうとした雄の側に急いで戻り、顎引きの姿勢をしたまま餌場の方に雄の後ろから促すように歩いて戻った（1984.3.22）。

この雌の行動は、相手つがいに対する怒り、威嚇のエモーションの現れと思われるが、同時に雄をなだめ自分の縄張りに戻るよう静かに促す要素も含まれるようである。このような場合、どのような解釈が出来るだろうか。ティンバーゲンはセグロカモメの攻撃に関して『動物のことば』の中で解説を試みている。「もっとも穏やかな形は「直立威嚇姿勢」（upright threat posture）で、首をのばし、嘴を下へ向け…」（p.7）という部分は私がこの観察地、牛田で見るタマシギの動作を考える際とても参考になる。

この顎引き姿勢は、繁殖期に特有のもので、この場合雄をなだめ、自分たちの縄張りに静かに誘導しようとしている時のものである。ただ、これにもずいぶん内容に幅があり、争

3－⑧　典型的な威嚇の姿勢
顎を引き気味にして威嚇する雌　1972年、A田

いに出て行こうとする雄を牽制し、時によっては、敵対する相手に対する威嚇であったり、という具合にこの姿勢の背後には相当広がりのある内的状況がグラデーションを描いて存在すると言うべきであろう。

ところが、雄がこの構えをする時は、かなり違った内容を伴うようである。次はＡ田の朝の出来事である。巣が一つあり、その他に二つがいがいた。その１組に巣についている雄が近づき、グワウ、グワウとうるさく鳴いた。つがいの雌が先になり追っ払いに出た。しかし、くんずほぐれつの取っ組み合いは雄同士に任された。多くの場合、実際のぶつかり合いは雄同士が受け持つことが多いのである。

ここで、典型的な光景が展開する。近くにせまっていたつがいの雌に対し、巣から出てきた雄は突然つがい雌に尻を向けたまま動きを止めてしまった。そして、上に伸ばした首を曲げ、嘴をぐっと下に向けたままくるりと雌に向き直り、ゆっくりトコトコと雌の方に歩いた。雌は何もせず、争いはそれで終わった（1974.4.9）。

雄は顎引きをする時は、もう争う意志はないことを表明していると見てよいだろう。穏やかに相手をなだめるというよりは、服従を示す姿勢を保ち相手からの攻撃を防ぐ究極の防御の姿勢をとっていたようである。攻撃でもあり防御でもあるという二つの側面を持つ姿勢と言うべきものであろう。

このほかにあげておくべき動作には、首を立ててキャコンと上下にしゃくるように動かすものがある。これは、例えば、餌を採りに草の間から出たものの、次の動作に移るきっかけがつかめず、警戒しながらも緊張している場合などに見られる。この時、雌であれば閉じた雨覆いの表面に白い剣羽を出していることが多い。

5）交尾に伴う儀式がある

首の動きについて語りながら、交尾に話が及ぶには理由がある。交尾に伴う儀式が首を極端に曲げる動作を含んでいるからである。

タマシギの交尾行動は、大きく分けて次の三つ、トコトコ歩き、交尾、首を曲げたままで二羽が嘴を交差する動作、で完成する。

交尾の始まる前に、殆どの場合雌がトコトコ歩きをする。雛が歩くような小刻みの頼りなげな歩き方である。雄はそのすぐ後ろについて歩く場合が多い。

交尾で最もよく見る典型的な光景は、次のようなものである。雌がせかせかと草の間から出てき、しゃがみかけてまた思い直して進んではまたしゃがむ。そのあいだ雌のすぐ後ろに雄がついて歩く。多くの場合、このようにして結局は2メートルばかりの円を描いて元の所に戻ることになり、最後のところで雌のトコトコ歩きが強調され、次に足を折りしゃがんで体を水平に保って体勢が整う。ここで車がたてる騒がしい音が響いたりしなければ、雄がゆっくりと雌の背中に立ってから交尾に至る。

ただ雄が背中に乗る前、念のいった雌の場合は、足を折ったままぐっと首を曲げ腹の下に伸ばすので、頭のてっぺんは地面に擦れたままになる。つまり、交尾の前に足を折った状態で頭を腹の下まで伸ばすので、嘴は自然に腹の方まで伸びる。これは既に取り上げたＦ田の雌に顕著な姿勢であった。これ以外こんなに念入りに首曲げをした雌を知らない（1973.6.10）。

この自信に満ち絶えず挑戦的な雌が、普通は交尾後だけの儀式を交尾の態勢が整う前にも首を曲げ腹の下に伸ばしてみせたことは何を意味するのか。雌は、それだけ、「お辞儀」をする必要があった。もう少し広げて言うと、群れをリードする雌たちは、交尾行動のこの時点で繁殖をできるだけスムーズに進めるために身を投げ出すように低く構えることを長い間に学習し身につけていたのではないかと推測するのである。つまり、雌たちは、その時「服従の姿勢」をとる必要があったと見るべきであろう。

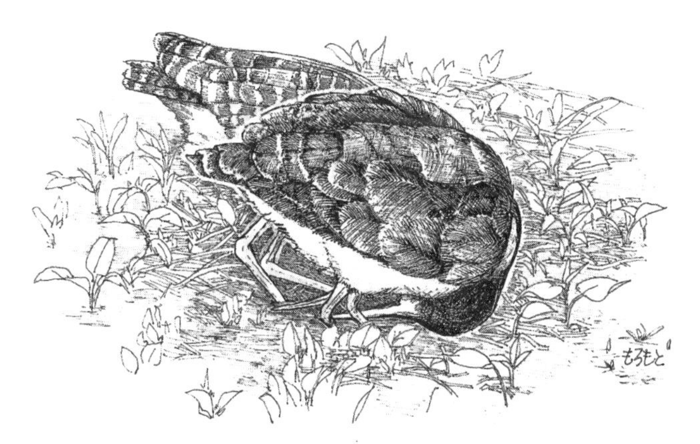

3－⑨　交尾後の儀式（Ｄ田、1975.3.31）
手前が雌

多くの場合、雄は今にも交尾行動にでる様子を示し雌のすぐ後ろにつきながらトコトコ足踏みしモジモジするばかりという姿を目撃する。雄がこの場合も強い主導権を握る立場にいないことを示しているようである。雌の低く構える姿勢とともに、このことも考慮に入れておくべきであろう。

ここで明らかにしておきたいことは、交尾のあとの儀式である。そして今話題にしている「お辞儀」の儀式としての完成である。交尾の後、雄は雌の背中からやや斜め後ろの地面にポトリと横倒しに落ちることが多い。1973年から1977年までの十例に絞って見ても、落ちたのは8回。後は尻もちをついたものと雌の脇にそろりと下りた二例があるだけである。8割は落ちるが、全て落ちるのではないことになる。試しに、清棲大図鑑のタマシギの項を開くと、「終わると雄は横の泥中に落ち、そのまま20～30秒くらい雄雌ともに静止している」（第Ⅱ巻p.656）とある。前半の「落ち」からの後半部分に修正をくわえざるを得ない。

私の牛田、中山における観察によれば、今引用した記述の「20～30秒」の間にタマシギにとって重要だと私が考える儀式が存在するのである。雌は、ほぼすべての場合雄が落ちた時すでに頭をグイッと胸のところまで折り曲げ、嘴を腹の下まで伸ばして待っている。そこで、雄は雌の脇にぴったりと身を寄せ雌と同じように嘴を伸ばし雌の嘴と交差させて普通7、8秒じっと動かないでいる。多くの場合雄の方がその儀式を早めに止め、ゆっくりと歩き去ったり、雌の脇で羽繕いをしたりしていることが多い。この嘴交差の儀式がないと、タマシギの雌が、交尾の度に力を込めて首を折り、嘴を腹の下まで伸ばす行動は意味がなくなると見るべきであろう。

ここで、参考になるかもしれない例を引用してみよう。カツオドリの行動の記述である。E. Armstrong は次のような意味のことをその著書の中で言っている。「カツオドリには 'scissoring'　などの嘴を合わせる行動がある。これはお辞儀である。そこから連想していくと、カツオドリが立ったまま首を曲げ、頭を足もとまで伸ばす姿勢は身を低くした服従の効果があるというところに行きつく。最も完全な形はこのディスプレイに二羽が加わることだ。」(p.23)。

タマシギの場合、これに類似した内的状況が行動に現れていると見てよいだろう。しかも、タマシギでは、雌が先になって雄の参加を待ち構えていることに意味があるのではないか。地面にポトリと落ちてやおら立ち上がった雄が雌の脇に密着するように身を添わせ同じように首を曲げて頭を腹の下まで伸ばして雌の嘴と交差させ7、8秒そのまま動かない。二羽でこのようにディスプレイは完成させるが、雄がこの儀式を早めに切り上げることが多いことも事実である。

タマシギの雌は、交尾の直後に例外なく「服従」の態度を示すということは、雌がこのタマシギ社会をリードしているという現実がありながら、その中で繁殖活動をスムーズに維持していくために彼らが選ばざるをえなかったことであろう。それは雌にとって最大の「服従」の姿勢と解釈してみた。そのような姿勢を生み出し、繰り返していくうちに儀式化するところまでいった。一方、雄たちは多少その儀式を軽く扱い、付き合う程度に参加する。雄と雌では多少ズレがあるものの、雌の方からすればそのズレを越えて、主導権を雄にスムーズに移行させるための重要な装置である故に、雌はこの儀式を守り続けていることを物語っているのではないだろうか。

既に述べたように、繁殖期の初期から急速に雌は表向きの活動を控えだし、雄を支える方向にリーダーとしての立場をシフトすることと、この服従の儀式ともいえる動作を保ち続けていることは切り離しがたいもののようである。

第4章　タマシギの男時・女時

―雄と雌は互いの立場をすり合わせる―

4―①　雌が前に立つ図

男時、女時という言葉は、昔の能楽者、世阿弥の表現である。さまざまな人に引用されているようだが、元来の意味は、物事には潮時があり、そうでない時もあるというものであった。私は、タマシギを見ていて、恐れながら、少し別の意味で使ってみたくなったのである。雄も雌も時に応じて主役を演じたり控えに回ったりしながら彼らの社会を作り出していると言ってみたいのである。

タマシギの社会では雄と雌の役割が逆転していると言われることがある。ただ見れば、雌が派手な色をし、時を告げ、雄の方は目立たないことから来るらしい。しかし、身近に接してよく見ていると、彼らの行動は本当に逆転しているのか、かなり入り組んでいて簡単に「役割が入れ代っている」とは言えないのではないかと思い始めることになった。

前の章で書いたように、群れには雌を頂点とする順位ができている。しかし、繁殖の時期にかかると、実は、雄が雌に代わって自分の縄張りを激しく主張する時期があり、そこで雄の世界が目に見える形になり始めると言っておきたいのである。

確立しているかに見える雌のリーダーシップは、そこで1度後退し、また巣作りにかかると雌が一時的に新たに前面に姿を現す。そこで雌のディスプレイがその役割を発揮する。そして、その後卵を産む途中から、多くの場合2卵産んだ頃から、雌は姿を隠し始めるという雄と雌の役割交代が短いサイクルで現実に起こっているのである。これが彼らタマシギたちの適応の実態らしい。

この章では、1975年春先の牛田での観察、つがいができあがる過程に特に注目してみよう。比較のため、中山での観察例と更に一つの変則的なつがいの在り方も取り上げてみる。

1　牛田の雄と雌

つがいができあがるところまでの出来事をたどる前に、既に

第2章で触れた冬の群れの状態を振り返っておくことにしたい。A田では秋口から続く夕方の集合場所があった。この場所は、第2章でも触れたように、例えば草原に棲む鳥たちが作り上げていると言われる集合場所、「レック」とは違う。レックを持つ鳥たちとは違い、タマシギの雄たちが交尾のためにそこに集まり、お互いに競い合うことはない。それに、そこがつがいを形成する場所になっていないし、繁殖に結びついてもいない。タマシギたちはつがいの状態である時以外は、雄雌が混ざり合って過ごすと言ってよいであろう。彼らは、群れることを好み、普段は穏やかで争いのない生活を送っていた。そのような生活の受け皿として、夕方の集合場所は存在していた。そんな群れが私の身近にいたのである。

その群れに対して私は実験を試みた。プールを作りそこにモミ米を置いて群れの様子を探ったのである。そこで得た結果は、そのプールを独占する雌のいることであった。その独占は2月初めまで目立っていた。

しかし、その頃群れ全体の動きが微妙に揺らぎ始めた。雌のプール独占に少し変化が見えたのである。その独占雌が時に姿を消すこともあり、その隙を見てプールを雄が占有したがるのであった。つまり、雄が雌のいる場所、その立場に挑み続けるようになった。ただし、これは「歌」の働きに関わることであるが、プール独占の間その独占雌が歌ったり、ディスプレイをしたりつがい形成にかかわると見られる動きを見せることはなかった。つまり、いわゆる「コートシップ・ディスプレイ」と思われる行動は一切なかったと言ってよいだろう。ここまでが、第2章のまとめである。

1）群れは活動場所をＤ田に移した

群れの揺らぎはある方向に動いていく。冬のあいだは夕方Ａ田で活動を続けるグループとＤ田に向かうものたちなどバラバラであったものが２月初めには一つになるのである。1975年の春先についてこれから語っていくのであるが、この年も、２月６日にはＤ田の南東の部分、開放的で、草もまばらな見通しの良い地面の軟弱なところに集まるようになった。その集まる場所の約15メートル南端は石垣（田の面より約４メートルの高さがある）があり、バスが走る道路となっていた。初めはそこから田を見下ろしてタマシギたちの動きを確かめていたのである。

Ａ田では、F1プールの雌の脇に一羽の雄が接近したことは既に書いた。２月７日と８日その雄は雌の側にいることが出来たと言った方が適当かもしれない。その状態はつがいとは言えないまでも、そこに向かう雄のエモーションを示していた[注]。F1、F2プールの雌たちは夕方からそこをまだ使っていたから全ての個体とは言えないが、この牛田のタマシギたちは彼らの

注：1975年２月２日から２月８日までは、最低気温が例年より異常に高く、0.8から７℃も高い日が続いていたという事実はある。この気温の高さが、雄の行動を引き出す一因であったかもしれない。この後気温は平年並みに戻り、雄の雌への接近現象は見えなくなった。

その気温が高い間に、群れの大部分がＤ田に移り、日中から草の少ない、というのは、隠れるところのない場所に出て活動するようになった。そこでは、雄の攻撃性が高まり、一方で雌の攻撃行動は控えめとなった。雌は実際に攻撃に出ていくことは目立って少なくなりは威嚇姿勢で代用される傾向が強く現れたのである。群れとしては、開放的空間に出て活動しながらも、雌は出来る限り目立たないように行動する方向に進化してきたことのあらわれであるようであった。

集合場所をこのＤ田に移したようであった。

この集合場所は、秋口から冬場を通してつづいたＡ田の集合場所とは区別しておくべきであろう。ここで、ティンバーゲンのカモメたちについての記述を借りると、タマシギのＤ田早春の集合場所は、「仮の縄張り」（pre-territory）と呼ぶのが一番当たっているようである。ティンバーゲンが説明している「ユリカモメは「仮の縄張り」（pre-territory）内で対を形成する。」（『動物のことば』p.170）というつがいのでき方、縄張りのあり方は、この牛田のタマシギたちのＤ田での振る舞いを見る時の参考になる。以下、細かく見ていくことにしよう。

そのＤ田では、2月11日の朝には、四羽（雌2、雄2）がパラパラと散らばって採餌に忙しそうであった。夕方には同じ場所に八羽（雄1雌4の群れと、雄2雌1の群れ）が姿を見せていた。

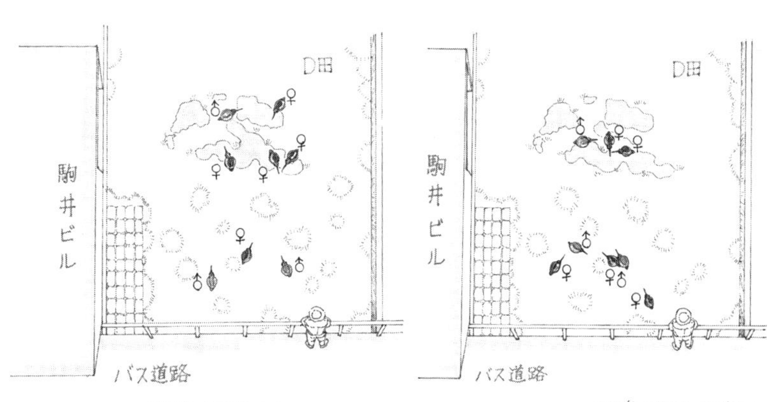

4－②－1　2月11日夕方の群れ　　4－②－2　2月15日夕方の群れ

2月15日夕方には、八羽が緩やかな密集集団をつくり採餌行動の最中であった。その中の二羽の雄雌がかなり強いつながりの可能性を見せていたが、実は15日午後3時半にこの雄雌はぴったりくっついてD田の開けた場所で採餌する姿があったのである。しかし、観察しているバス道路は交通量もあり、はなはだ落ち着かない。どうしても彼らの継続的な結びつきは追うことができず、次の日からの落ち着いた観察に期待することになった。

この時期は、既に述べたA田プールで第1位の雌が時々姿を消したりして群れに揺らぎが生じだした頃に当たる。

有難いことに、丁度この15日に、彼らの集合場所の前に建つ駒井ビルの地下にハイドを張らせてもらえることになった。田の表面は、すぐ東横のバス道路からかなり低い所にある。そのビルの地下といっても田の表面からは1メートル弱高いようになっていて、壁もなく窓もなく、どこからでもタマシギたちの昼間の集合場所を見渡すことが出来た。建築資材置き場だから材木の適当な隙間にやりくりしてハイドを張った。翌日、2月16日からは、より親密にタマシギたちを見守ることが出来るようになった。

そのハイドに入ってスリットから覗くと、その日、16日の夕方、ハイド前を独占する雌の姿があったのである。この雌がA田プールから姿を消すのは、ここに縄張りを張りだしていたからだと確信した。その後のハイドからの観察で、この雌のハイド前縄張りに雄が加わり、つがいができるという繁殖の形が追跡できたと言ってよいであろう。

春先、雌が一時的でもテリトリーを作り、そこにしばらくして一羽の雄が加わってつがいが成立する。但し、このつがい成立には、全く激しいディスプレイはなく、あるのは、その縄張りの餌場を独占するということだけであった。彼らは、争い、いがみ合ったとしても、出来る限り目立つことを避ける方向に進んできたようである。

2) 雄と雌の役割は入れ代る

1975年春先の話を続けよう。

2月16日：　朝7時40分、D田ハイドの前には雌が二羽並んで採餌に余念がなかった。しかし、午後になるとハイド前には雄と雌が陣取ることになった。雌と雄は約1メートル離れており、その約7メートル向こうの水たまりには雌二羽の姿があった。雌と雄の緩い結びつきは垣間見られる程度で、このハイド前が二羽の守るべき縄張りの気配はまだ見られなかった。

ハイドは私の想像以上に観察の助けになった。目に見える現象以外に、彼らのつぶやき、気配を肌で感じられ、普通の観察からは落ちこぼれる可能性のある「心理の動き」、言いかえると内的欲求の動き、を探る助けとなった。

2月16日：　午後4時15分、D田ハイド前には雄と雌が離れて立っていた。ハイド前にはモミ米が撒いてあるが、その部分はその雌が占有していた。約20分後徐々に距離を縮めてきた雄はその雌に追っ払われた。この雄と雌は、ずっといがみ合いを続けた。もう一羽の雌と三羽でずっと前方に出ている時は全く何事もなく並んでいたが、5時45分になると図のようにハイド前は雌だけになってしまった。この冬のあいだA田のプールを中心に見せた順位制は、少し緩みだしたが、ハイドの前では、まだ雌の順位は保たれているようであった。

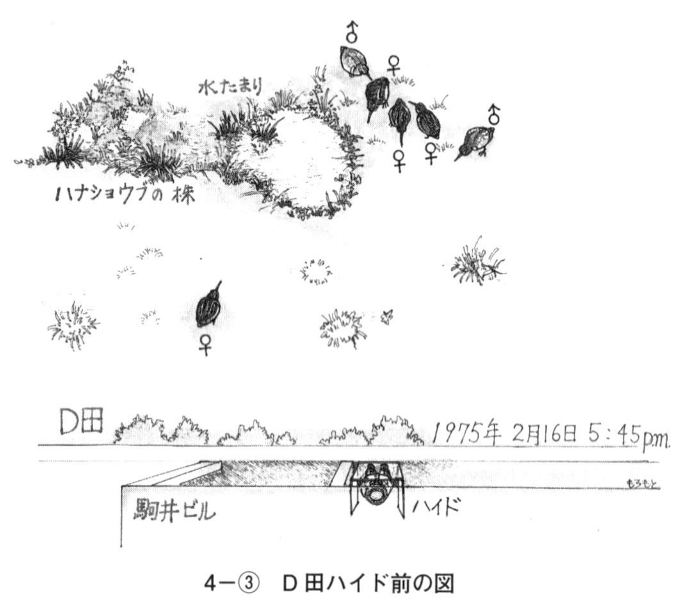

4−③　D田ハイド前の図
（1975.2.16, 5:45p.m.）

この図の5分後には、ハイド前に二羽の雌の姿があり、お互いに約1.5メートル離れているが特にいがみ合うことはなかった。しかし、更にその3分後にはもう一羽の雌が50センチくらいまで近づいたので、バタフライ・ディスプレイで激しく手前の雌、つまりその場所の占有者、が威嚇し相手を退散させた。

雌はハイド前を占有しているように見えたが、雄がそこに入り込み縄張りを守る行動を示し始めたのである。この前日にもこの後でも、これ以外に雄のコートシップと見られる行動は全く見られなかった。つまり、番になるための特別な儀式は見られなかったのである。

モミ米を撒いて反応を試していたD田ハイド前に2月16日一羽の雄が近づいた。そして、その雄がそこから攻撃に出向き、他の個体を遠ざける行動にでるようになった。番になったと確信をもって言えなかったが、雌に受け入れられず追っ払われながらも雄はハイド前を自分の縄張りとして宣言しだしたのである。更にもう一羽の雌もハイド前に近づいて雌二羽が並ぶという光景も見られたが、時に雄がその状況に怒りを表すという複雑な光景が展開するようになった。A田のプールにはモミ米を置いていて、夕方には覗いてみたが、2月12日から18日までタマシギたちは現れなかった。

群れの集合の中心地はD田に移りつつあり、A田のプールは位置づけがあいまいになっていった。彼らの縄張りは、群れの順位によって強められるが、それは一時だけのもので、群れ全体の集合場所の移行に伴い、簡単に移動するようである。タマシギの縄張りは、その個体がその時々でいる場所と考えてよいようである。

D田の観察は続く。1975年の2月、広島市の牛田では一番寒い時期にさしかかっていた。19日から22日までハイド前に雄雌二羽はそろっていた。雄の縄張り意識はいよいよ強まり、ハイド前から約10メートルは走って出て他の個体を追い払う。その結果、群れの他個体は田の向こう端に追いやられた形になっていた。一方のハイド前雌は、雄の攻撃行動に加わらず、近づきすぎた個体にただ胸を張って威嚇の姿勢をするだけで済ますことが多かった。人間の態度に例えれば、優柔不断な素振りを示していた。

1975年

2月23日：　昨日から雪。この日は大雪となった。D田の群れは分裂したようで、ハイドの前は空になり、A田には雌三羽の姿が見え、F1プールも復活した。そこに、ピンク色に嘴が染まった雌がいたのだ。但し、そのプールでは何羽かの雌が争いを起こし、秋口からの安定した独占雌が立っている図は見られなかった。

参考のために、その頃の最低気温を書きうつしてみよう。

2/21　－1.7℃（平年より2.4℃低い）
2/22　－2.2℃（3.0℃低い）
2/23　－3.0℃（3.9℃低い）
2/24　－3.7℃（4.7℃低い）

この気象の変化は、タマシギたちの生活に変化を及ぼしていたかもしれない。大雪で地面が雪で覆われていたが、D田ハイド前は殆ど水が張っているから餌が採りにくいわけではなく、群れに分裂の理由はよく分からなかった。月末には気温も平年の状態に戻った。

３月２日：　朝６時30分、空だったＤ田ハイド前には雄雌の二羽が戻り、前方の水たまりにぱらぱらと雄二羽雌一羽がいて、20分後には水たまりに雄雌二羽のかたまりが２組できあがったように見えた。ともかく、特に目立った行動もなく、ハイド前では雄と雌が並んで行動をし始めた印象があった。

約１時間後の７時52分、１組の雄雌が水たまりのこちら側に近寄る気配を見せた。そこで、今季初めてハイド前の雌はキョッと一声高く鳴いた。威嚇の声であり、雌の存在を誇示するものと言ってよいだろう。あの雌特有のコオーという声の質に近い調子であった。

この期間（２月16日～３月４日）、ハイド前に陣取っていた雄は縄張り意識をより一層強く行動にうつし、雌は出来るだけ争いを避ける様子が随所に見られた。雄が前面に出、雌が控えに回りだすと言ってよいだろう。雌が雄を受け入れ共同で特定の場所を縄張りとして主張しだすと、急に雄が縄張りを守るために攻撃役を担い、雌は後方に控えるのである。

3）雌が雄をさりげなく誘導する

1975年３月６日：　夕方６時32分、Ｄ田ハイド前で一つの事件が起こった。雌が一羽の雄を別の雌から穏やかに引き離す行動にでたのである。とても静かな交代劇であったと言うべきであろう。ハイド前から約10メートル東に雄と雌の並ぶ姿があった、その内に、北方面から一羽の雌が二羽の近くに飛んできて二羽から約80センチの所に下りた。飛んできた個体を雌

Aとし、雄と並んでいた雌を雌Bとしておく。

はじめは何も起こらなかったが、約30秒たって雌Aがごく自然に雄と雌Bの間にスルスルと割って入った。そこで事態は急展開したのである。図で示したように、割って入った雌Aは少し雄の方に首を曲げ、明らかに雄に何かの欲求を静かに示していた。その間雌Bは反応を示さず採餌を続けていた。

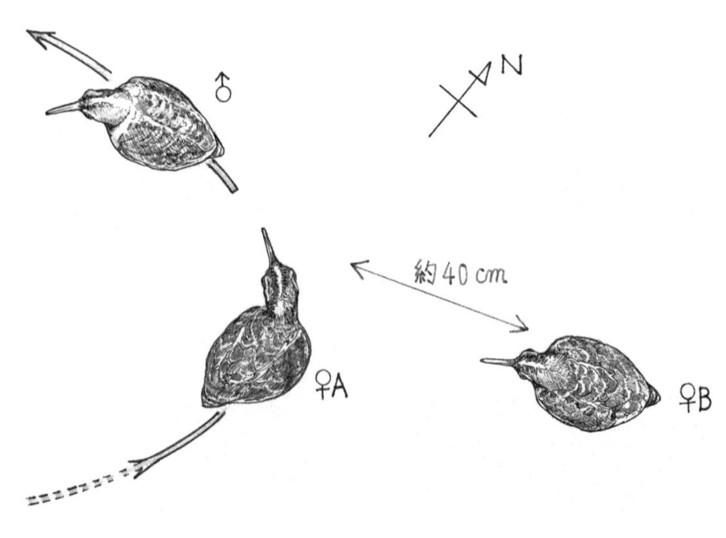

4—④　D田　割り込みの図
（1975.3.6，6:32p.m.）

雄は追われるようにゆっくりと北西に向け動き出した。雌Aは更に後ろから追うように歩いていた。雄は、振り返ったりしながらハイド正面の水たまりまで戻った。雌Aは雄が他の雌と並んでいるのを嫌い、切り離しにかかったようであった。切り離された雌Ｂは、途中までついて歩いたが、飛び立ち、Ａ田の方向に真っ直ぐ飛んだ。

６時37分、雌が今季初めて鳴いた。雄を選びハイド前の水たまりまで帰った雌Ａは、そこで水浴後、いつもの通りディスプレイ風に水切りをした。しばらくして、はっきりと繁殖期のコオーという鳴き声を上げげた。連続して11回であった。この鳴き声はつがいであることの宣言であることを証明するもう一つの例と言ってよいだろう。その雌Ａのすぐ後ろには雄が何もせずただ立っていた。

今の水浴びも、彼らのいわばエモーションの動きを映し出していると言えそうである。これまで何度も記述したように、雄雌に拘らずコミュニケーションがうまくなされた時彼らはゆったりと水浴びをし、バタフライ・ダンスをするのである。

３月６日、雌Ａが割り込みをした後、雄を誘導して彼らの持ち場に帰り、そこで連続して11回コオーという鳴き声を上げたことで、雌が雄を受け入れた、この状況で雌が現実に歌いだしたのである。その歌声はつがい成立の宣言と言ってよいだろうと既に第３章で書いた。念のため、この雌Ａは、先に触れた嘴がピンク色になった美しい個体であった。

割り込みのさりげなさ、つがい相手以外の個体への攻撃を避けようとする雌の態度は、雄の縄張り意識の強さと比べ、目を引くものである。実際の攻撃行動は雄が担い、つがいの宣言という儀式的部分は雌に任されている。このような役割分担の移行する場面が目に見える形でハイドの前に展開されていたのである。

4）雌がつがいの形を受け入れ始める

雌が雄を選び、歌を歌った。ただ、雌はしきりに雌同士二羽で過ごす。この年中見られる光景はこの牛田の小さい個体群で続いてきただけかもしれない。ただ、雌二羽が出来るだけ一緒にいようとする行動は、繁殖活動に入ろうとする雄雌二羽にさまざまな反応を引き起こす。

D 田脇の駒井ビル地下に張らせてもらったハイドは有難い代物であった。ハイドの前面に開けたスリットから毎日のように覗いていると、目の前にいるタマシギたちの関係の揺らぎがじかに伝わって来、そこにタマシギたちの実情が垣間見えた。

ハイド前では3月6日につがい宣言をした雄と雌が、それぞれ興味深い行動を見せることになった。雄はますます周辺に残った個体を追っ払いに出かけ、一方でつがい雌（雌A）は、ハイド前のこの雄雌二羽の占有地に出入りすることを禁じていた雌Bの所に「穏やかに」歩いて出向き、一緒にくっついて餌を探すのを止めなかった。

3月9日　夕方のハイド前には既につがい宣言をした二羽がおり、田の周辺部には雄一羽と雌Bがいた。その雌Bがハイド前に侵入したがるので、ハイド前にいるつがいの雄が猛然と走って出ていき、追い立てた。ところが、つがい雌（雌A）はその後数分して、ハイド前で 18 回続けてコオーと鳴き更に 3 度もバタフライ・ディスプレイを加えた（5:14p.m.）だけでハイド前から動かなかった。この雌（雌 A）は水たまりの向こうに追っ払った雌 B に対して実際の攻撃に出ることはなく、遠くの相手に儀式的なバタフライ・ディスプレイを見せ、鳴いただけなのである。その後のハイド前のつがいの様子をたどると次のようであった。

5:39 p.m.:　つがい雌（雌 A）がまた水たまりの向こうに出ていき、雌Bとくっついて餌を探して地面に嘴を差し込み始めた。

5:43 p.m.:　つがい雄は、自分のつがい相手である雌が他の雌のところに出向き並んで一緒に行動しているところに翼開帳ディスプレイ姿勢で突っかかっていった。それで、雌 A はハイド前に戻ることになった。ゆっくりと歩いて帰ってきた。その雌を待ち構えていた雄は、これも説明済みのトコトコ歩きで雌にすり寄る様子を示した。雄の方は交尾にむかう態勢に入っていたのである。しかし、この時は交尾に至らなかった。

6:21 ～ 6:24 p.m.:　水たまり北向こうにいる雌 B が 2 度コオーと鳴いた。それに反応してつがい雌（雌 A）は水たまりまで出ていき、連続して 25 回コオーと鳴いた。もう暗くなりかけていた。しかし、この日の D 田での活動はそれだけで終了してしまった。つがい雄も雌も飛び立ち A 田の方向に飛んだのである。この夕暮れ時に田を移動するのは、既に何度も触れたように、冬のあいだから毎日のように続いた行動であった。

この日、3月9日に見たつがい雌（雌A）の行動は、興味深いものであった。雌二羽はハイド前から離れた所ではくっつきたがる。つがい雄はそれを嫌がって攻撃する。つがい雌（雌A）はハイド前にいる時は、雌Bに向かってコオーと鳴く、そしてバタフライ・ディスプレイをするだけで、実際に攻撃に出かけない。このコオーという鳴き声もつがいであることを宣言する儀式化した行動と考えていいだろうと既に書いた。ここでもその事は裏付けられたと言って良いだろう。

一方雄の方は田の南東の周辺部にいる一羽の雄を攻撃し続ける。そして戻って来ると、気色ばんでつがいの雌Aに向かい胸を張って迫っていた。雄に強く促されているにも拘らず、雌はその一羽の雄の方に向き胸を張り威嚇の態勢になるだけで実際には動かなった。

このようにつがい雌はもう一羽の雌と以前同様よい関係を続けたいことは実際の行動が示している。しかし、自身がつがいという状態に至ったことを示さないといけない。この一種矛盾したエモーションにつき動かされる雌の実情がこの攻撃に出ずただ鳴いてみせる行動に現れているようであった。つけ加えると、この日、交尾に向かう準備が整っている雄を雌はまだ受け入れる気配は見られなかった。

3月14日：　夕方、つがい雄が水たまり西にいた一羽の雄を追っ払いに出て行って戻ると、ハイド前に留まっていたつがい雌（雌Ａ）はその戻ってきたつがい雄に尻を向けて立っていた。それは雄を受け入れる準備が整っていることを示している姿のようであった。

間もなくつがい雄はいつものようにちょこちょこ歩きになり雌の後ろにつくと雌の背にゆっくりと乗り交尾を終えた。ポトリと脇に落ちてから二羽で嘴の交差儀式を終えた。この後珍しいことにつがい雌（雌Ａ）はずっと東にいた雌Ｂに向かって走り突っかかっていった。次の15日朝にもハイド前でつがいは交尾をした。ここでつがいの形はかたまったと見てよいだろう。

つがいになった雌は仲の良いもう一羽の雌の側に出ていき並んで採餌行動をする。その一方で、繁殖期のエモーションからそのもう一羽の雌にコオーと鳴いて応え、つがいであることを誇示する矛盾した状態を引きずっていた。

しかし、交尾行動を明らかに示すまでつがいの関係が進んでいくと、突然その仲の良い雌を攻撃しに出かけた。このようにつがい雌Ａの中では仲良しの雌との絆は急速に薄れ、つがいの絆の方が強まったように見えた。

5）巣作りの気配を見せる

1975年３月15日の夕方６時、ハイド前でつがいの二羽は並んで同じ草株に尻を向けていた。先に雄がその草株に向けて強く尻を上げると、雌も同じように首を低く前に伸ばしグイッと尻を草株に向けていた。しばらくして、つがいは雄雌ともに周辺個体を追っ払いに出ていく。二羽ともにバタフライ・ディスプレイをしていた。もっとも、雄の方はバタバタと不完全な動作であったが、二羽一致して縄張りを守る実際の行動をしたことになる。この後二羽とも A 田に向かって飛び立った。

ここで見られたのは、雄と雌両方が揃って見せたディスプレイである。二羽で見せた攻撃行動、そしてバタフライ・ディスプレイ、これらは二羽のつがい関係が確立した時点で発現したものである。つがい形成以前にはディスプレイ行動が見られない典型的な例である。

3 月 24 日：　夕方 6 時 34 分、ハイドの前での二羽は水浴後、つがい雌はコおウ 49 回、続いてコオー 44 回鳴いた。この時すぐ後ろにつがい雄が控えていた。

6:36p.m.：　番雌は、水浴後、よく鳴いた。コおウ 41 回、コオー 40 回であった。

6:43p.m.：　D 田の北西の方からコオー、コオーと鳴き声が響いた。雌同士が鳴き合う形だ。反応してつがい雌（雌 A）は首を立てそちらを凝視してバタフライ・ディスプレイを見せた。

これらの歌声、ディスプレイ共に、近くの張り合っている雌への誇示運動である。結果的には、ここでもこれら 2 種類の行動は、このつがいが他のつがいに対して見せる威嚇を込めた誇示行動と言うべきであろう。

ここでも、コートシップという鳥たちの行動が問題となる。この言葉は少し曖昧な使われ方をしているように見えるが、ラックの『ロビンの生活』によれば、3 つの場合が含まれるという。1 つは独身の雄が雌に対して歌うもの。2 つ目は、交尾に導くもの。3つ目は、雄と雌の結びつきを強めるものである。

私の見方では、この地の何百という例を総合して見て、タマシギの場合はこの3つ目に近いが、つがいであることを誇示する要素が圧倒的に多いのは事実であると言ってよいだろう。

3月25日：　D田ハイド前には前日より新たなつがいが侵入を試み始めた。午前中も夕方もハイド前のつがいは気が抜けない様子であった。実は、この日になってもつがい雌（雌A）は侵入つがいに対し少し優柔不断な態度を示していた。

3月26日：　朝7時9分から約10分間、つがい雌（雌A）は鳴きつづけた。88回コオーと鳴く声は、周りの家々の壁に反射して響いた。それが終わると暫くしてゆっくりとつがい雄の所に近づき、雄がいた草株の周りをまわって元いたところに戻った。つがい雄はそれに応じるようにその草株を通り抜けた。その後、この日は何事も起こらず、二羽は採餌行動を続けることになった。私の牛田での経験からすると、二羽が共同で草の株を巡ったり、くぐったりする行動を繰り返し、実際の巣作りが始まるのである。巣作りについては第6章で詳しく述べる予定である。

雄が雌の占有する場所に侵入することを目指して行動を開始しだした2月6日から巣作りの気配を見せる3月26日まで時間はかかった。雌たち二羽の絆が続いていて、それを断ち切って、つがいという生活のステージに移るのは難しそうであった。雄の方は縄張り意識の高まりを行動で示した。雌の優柔不断とも言える態度に迫り攻撃も仕掛け続けた。それは雌が縄張り行動に積極的でないことに不満足なことを表わしているしるしのようであった。

雌がもう一羽の雌となかよく行動を共にしながら雄とつがい行動に入るという雌における矛盾した行動は、その内部でのエモーションの葛藤を思わせるものであった。雌のリーダーとしての立場が、つがいという協力関係の枠組みに入ることに抵抗しているようにも見えたからである。二つのエモーションが雌の内部でうごめいていた。その動きに両側から引っ張られ揺れ動く雌の実態をこの観察の期間に垣間見ることが出来たと言うべきであろう。

II　中山で見たつがいのでき方

1）中山の田んぼ

新たな観察地、中山の田んぼは、牛田と比べて随分開放的な雰囲気があった。観察の対象になったタマシギたちの棲む田の広さは細長い数枚の田をひっくるめて全体で 70 × 50 メートルばかりであった。更にその先には長い草地がずっと伸びていたが、びっしりと背の高い草が密生し、タマシギたちもそこは利用できないようであった。

これらを挟むように JR の芸備線と細い水路が走り、そのためここの田んぼには農家の人以外立ち入る人はまずなかった。

線路の向こう側（西側）には、此方の３倍くらいの広さを持つ田んぼがあって、そこにもタマシギはいた。しかし、そちらは周りを人家で囲まれ、絶えず人の気配があって、私は落ち着いて観察が出来なかった。

既に書いたように、線路の東側のハス田に面してお医者の家があり、その敷地の隅に利用されず、他人が入っても全く邪魔にならない約１メートル四方の空間があることに気づいた。お医者の好意でそこにハイドを張らせてもらえたため、観察はこの比較的狭い数枚の田んぼに集中することになった。

更に幸いなことは、ハイドへの出入りがタマシギたちからほとんど見えず、彼らの生活に影響を与えることは避けられたことである。ハイド前のハス田の向こう隣にある休耕地の草を畳一畳ほど刈り、そこにモミ米を置いて牛田同様に彼らの反応を

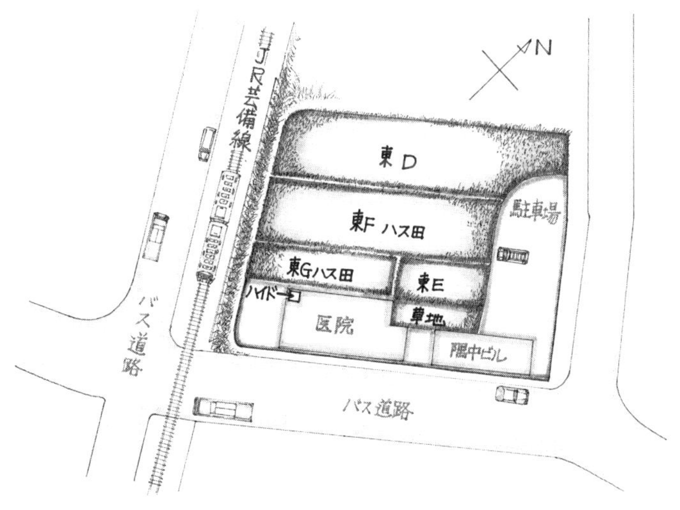

4－⑤　中山の田んぼの図

見た。

2）名前をつけた三羽がいた

1983年から1984年にかけての冬を中心にした中山での観察は、1983年の秋、10月16日に始めた。

1983年10月17日　ハイドの正面、手前から2つ目の田にタマシギ雄と雌の姿があった。まばらに生えた低い草を刈っておよそ畳一畳の空き地を作ると、そこに出てきた。餌場のすぐ脇の草地が休息場所になり、餌を食べていない時は殆どそこに二羽は並んで休んでいた。

12月21日　そこに新たに一羽の雄が加わり三羽がそのまま一緒に行動した。餌を争うこともなく過ごした。元々はアルファベットでその3個体を呼んでいたが、ここではイメージがわきやすいように、日本語の名前にした。最初に見た雌はお玉、雄が一郎、後で加わった雄は二郎である。更にずっと後で加わる雌はお花であった。

12月24日　その休息場所は低い草しかなく空から丸見えなので、ちょっとやりすぎかと躊躇したが、ともかくハスの茎3本を切ってきて斜めに土にさし、屋根がけをしておいた。すぐにその屋根の下に彼らは入るようになった。

1984年2月20日　ハイド前では、三羽は年末以来ずっと一緒に行動し、お互いに餌を食べるのを邪魔したりすることもなく、争わず、平穏に暮らしていた。この三羽の集団がどのようにしてつがいの形を作りだすのかを中心に記録をたどってみよう。

　特定の場所に餌がいつもあるという条件があっても、この中山では雌の独占という形は全く現れなかった。餌は殆どいつも一緒に並んで食べたのである。食べる順序があるか見ていたが、これもなく、三羽がぴったりくっついたままで食べる姿が毎日のように見られた。

　食べるものが特定の場所にいつもあると特定の個体の占有が始まるという光景は、この中山では発見できなかった。この現象は毎年のことだったから、中山では普通の姿なのだろう。但し、そこで夜の観察をしていれば、違った様子、即ち雌による占有があったのかもしれないが、少なくとも夕暮れ

4－⑥　三羽仲良く食べる図

右端がお玉

1984.2.21

時の様子から占有行動は気配もなかったことは事実である。中山は牛田からは山を隔てて直線距離にして２キロメートルほどのところだが、これだけ生活の有様が違う理由が分からないままである。

3）一郎に変化が見えた

1984年2月21日　この日を境に、一郎の様子に微妙な変化が見え始めた。一郎はいつもの休息場所にしゃがんだまま周りの草の引き下ろしをやっている（12:29p.m.）。つまりそこは巣でもないのに、彼は巣作り時の動作、産座に座りながら周りにある草を嘴でつまみ、引き下ろして屋根のようにかぶせる行動をしだしたのである。

2月25日　一郎は軽く巣材引きの動作を見せる。既に書いたように、巣作りの時期に水中にある草、わら屑を嘴でくわえて引き出しては後ろに投げる動作である。

2月29日　二郎の方が餌場に出ると、一郎はその後について用心しながら出てくるようになった。彼は絶えずとても警戒した時のように体を細く絞っていたのである。

一方、数分後お玉と二郎は休息場所の少し北に移動し休みだす。残された一郎は、餌場の脇の水際に移って動かなくなった。二羽からは約2メートル離れている。3月1日になっても一郎の緊張状態は続いた。餌場に出てくるとき体を絞り激しく尻を上下に振る。とても緊張し警戒の度合いが高まったことを示していた。ほかの二羽は全くこのような傾向を示さなかった。

３月１日になっても、休息場所に三羽ならんでいることが多かった。ただ、一郎だけが、巣作り動作を何の脈絡もなく突然に始めることがあった。それに、開けたところに出る時に強く緊張する傾向を見せたのである。

この一郎が見せた「巣材引き」「草の引き下ろし」などの繁殖期特有の行動は、雌へのアピールとするまでには至らないだろう。非常な緊張を伴っていることを考慮すると、「非常な圧力」を他の二羽から感じていて、他の個体に見せようとしているというよりは一郎の内部に生じた季節的変動が自ずから断片的に外に漏れて出たと言うべき現象であったと私は考えている。

付け足しておくと、競争相手となるべき二郎には全くこの類の動作は見られなかった。そして、この日あたりから、お玉と二郎がより一層くっついて行動し始めた。この二羽はごく微妙に同一行動の時間を増やしてきたもので、この間全く目立ったアピールはお玉からも二郎からも感じ取ることは出来なかった。

この二羽がつがい状態に入っているとして（実際つがいになるのだが、）この間にコートシップ・ディスプレイと呼ぶべき特別な行動は一切なかったことを付け加えておくべきであろう。

三羽が餌場を中心にしてごく近くにいながら、一郎は多少距離を置いて行動する傾向が強まったのもこの頃である。これは私が感じた「非常な圧力」によるものであったようである。

3月5日　この日からより一層一郎の孤立が目に付き始めた。餌場の北の休息場所にお玉と二郎が30センチばかりの距離を置いてくっつき休み、一郎はその北へ約1メートル離れて独り立っていた（3:40p.m.）。餌場に出てモミ米を食べる時は三羽並んで何事もなく過ごしているが、休息場所に帰るとまた一郎は孤立した。

しかし、ここでも雌のお玉の不思議な行動が目に付いた。休息場所に二郎と休んでいたお玉は、たまたま北数メートルに出て餌をさがすためか地面に嘴を突っ込んでいた一郎の所にわざわざ出向いてぴったり寄り添って立ったのだ（4:22p.m.）。

このような雌の行動、自らの状態が他の個体との距離をつくり出していると、その相手に向かって出向き寄り添う行動は、第2章で既にリーダー雌の行動として例にあげている。これは、群れる傾向の強いタマシギ社会で、お互いに孤立せざるを得ない場合の補完行為として発生したものかもしれない。「なだめる」、あるいは「慰める」類の生物が持つ原始的な行動かもしれないと今のところ言うしかない。

牛田の例でも見たように、相手が雄であれ雌であれ、つがいを形作っていながらもつがい以外の個体に一時でも寄り添うことは避けがたい傾向として現実に存在している。一郎と二郎に関しても、この傾向は２度３度と目撃しており、タマシギたちの普段の生活における群れの中の強い結びつきが繁殖期においても間欠的に甦る有様を示すところであった。

4）二郎が一郎を苛（さいな）み始める

1984年３月13日、一郎と二郎の関係はこの日を境に一変した。二郎が一郎に対してしたことは一方的に攻めるというものであった。全体的に苛むというのが当たっているであろう。

3：12 p.m.　二郎は、既に休息場所に立っていた一郎に小走りで近づき、嘴でこづいた。そしてその後は動きが急に緩やかになり、二羽は東北にゆっくりと進んだ。二郎は一郎のすぐ後ろにくっつくように歩いていた。相手を緩やかに追い立てる時の歩き方である。

3：29 p.m.　ハイドの後ろの納屋でお医者の奥さんがお雛飾りをしまう作業をしていた。それも終えたらしくバタンと戸を閉める音が響いた。二羽には一部始終が見えているのはその眼の動きが示している。その閉まる音に反応して一郎が餌場の方に近づこうとしたら二郎が嘴で一郎の右翼をくわえて二郎を抑え込み自分より先に出ていくのを阻止するかのようにした。それで二羽は休息場所に帰った。

3：32 p.m.　二郎は、先になって餌場に出ようとする一郎に勢いよく突っかかった。一郎は西へ約３メートル逃げた。その後約10分かけて一郎はそろりそろりと水の中を渡り餌場を越え、休息場所の約2メートル南に進むと、そこの水際の草の中に入って休んだ。

このようなことはこの日何度も起こった。一郎が餌場に出ると、二郎は一郎の横腹に嘴をすりつけんばかりに向け、左右に振ったりして脅す様子をみせた。しばらくして一郎がその場を退こうとすると、二郎は猛然と一郎に突っかかるのだ。

雌のお玉は、この雄同士のいさかいの間何もしなかった。雄が現実の争いの主な部分を担い、雌は自らの行動をかなりの程度抑制する方向に傾くと言えばよいのだろう。繁殖期の特にこの時期にその傾向は強いように見える。

3月16日　二郎が餌場に出てき、お玉と並んで餌を食べだす。そこに一郎が休息場所から出てきた。すぐ後ろに来た一郎に、二郎は突っかかり東に追い出した。それでも足らないというかのごとく逃げていく一郎を追って二郎は東に走っていった。雌のお玉は何の動きも見せなかった。しかし、30分後、一郎は休息場所の端っこに戻り三羽ともぺたんと地面に座り込んだ。

苛まれても、一郎は二羽から離れたくないのは明らかであった。しかし、休息場所ではともかく平穏な状態を三羽は保つのである。

このようにして1組のつがいの形ができあがったが、それにもう一羽の雄が付きまとうという変則的な光景が目の前に展開することになった。群れるという普段からの強い習性が繁殖行動の最中にも現れることは既に述べたとおりである。

もう一つ付け加えると、私の観察では、二郎とお玉のつがいに一郎という雄が付きまとうことが一妻多夫の形態を暗示するという可能性はとても低いと言わざるを得ない。それは次の展開でも証明できるであろう。

5）新たに一羽の雌が現れた

1984年3月17日　2:00～2:45 p.m.　休息場所の北約20mに一羽の雌が出現。すぐさま雌のお玉は追っ払いに出た。

餌場に近づこうとするその雌（以下お花と呼ぶ）に対してお玉はじっとしていず、休息場所から出て行ったり戻ったり、首を立て顎を引き気色ばむ場面は続いた。このお玉の姿勢にはコ

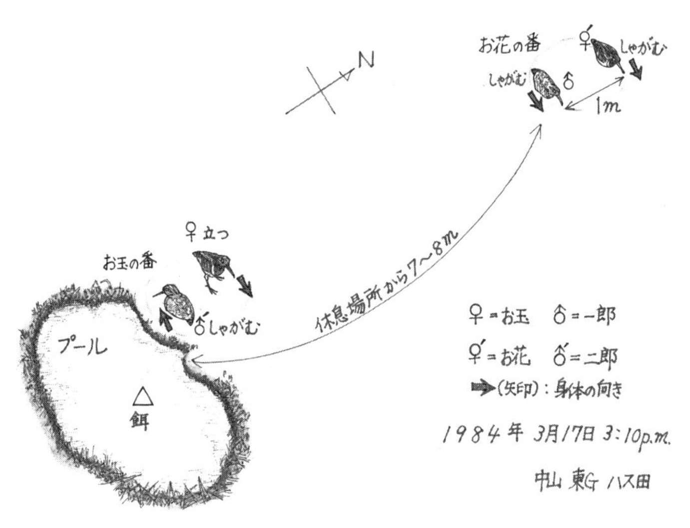

4－⑦　二つがいの位置図

オーの鳴き声、バタフライ・ディスプレイが時に伴っていた。
新たに現れた雌、お花は時をおかず一郎とぴったりとくっつき合い行動を共にするようになった。新たにつがいが出来たと見てよいであろう。そして二つがいはハイド前で押し合いへし合いを繰り返すことになった。

3:10 p.m. ここで二つがいの争いは一時おさまり、お花と一郎は休息場所の7, 8メートル北に並んでぺたんと地面に座り込んだ。休息場所にいるお玉たちとは休戦状態に入ったようであった。それにしても、この両つがいの安定した接近の状況は、タマシギたちの群れる傾向が如何に強いかを示しているようであった。

3月19日 4:16p.m. 観察を始めた。二つがいの争いは再開していた。お玉は首を立て顎を引きコオーの鳴き声を伴って休息場所から出たり戻ったりである。

5:00p.m. お花番は休息場所の約15メートル北に後退していた。一方二郎とともに休息場所のすぐ北にいたお玉の位置のとり方は、お花番を休息場所に近づけないようにしているように見てとれた。お玉は顎を引き、くるりと1メートルほどの円を描いて元の場所に戻り地面をつついた。二郎は側で全く反応せず立ったままだった。

この円を描いてトコトコ歩く行動は、交尾直前の動作に酷似していた。顎を引く動作は縄張り争いをする相手に対するディスプレイであり、それ故、威嚇しながら自分自身の交尾衝動にも突き動かされ、エネルギーの高まりに伴って偶々とった行動とするのが自然ではないかと思う。

5:30p.m.　休息場所約7メートルまで近づいていたお花は一郎をその場に残し休息場所に向かってゆっくりと歩いてきた。二つがいの距離が3メートルの所でお花は頭を下げ攻撃を仕掛ける姿勢になった。お玉の方も迎え撃つ形で頭を下げ、翼広げの姿勢になって向かって行った。そこでくんずほぐれつ、上に乗ったり乗られたりで互いの後ろにつこうとぐるぐる回るのでめまぐるしい。

それも30秒ほどで終わり雌たちは元の所に戻った。結局、二つがいは休息場所の北西部で約5メートルの間合いをとって休息に入った。お花はそこで片足立ちになってゆっくりと休んでおり、お玉の方は、採餌行動を始めた。

この場合、新たに雌が出現してから丸3日でつがいが出来安定して同一行動をしだしたことになる。ただ、このつがいも牛田、中山で見たその他の沢山のつがい成立の場合も同様で、察知できるような成立のための行動を見つけることが出来なかった。今回の雄が雄を苛むこと、牛田で見た雌のさりげない割り込み以外にディスプレイとして目立つ動作を見つけられていない。

更に注目すべきは、繰り返すと、長い時間の雄二羽雌一羽の同一行動は必ずしも一妻多夫の形を生み出すものではないようであった。

　また、彼らはつがいになった時点でもつがい同士がわざわざ接近して過ごそうとする傾向が強く、例え取っ組み合いの争いをしても、お互いの存在を強く刺激し合い、間近で過ごすことで認知し合うことが必要であるらしいのである。そして、この二つのつがいの場合も、お互いに約５メートルが接近しても平静でいられる距離のようであった。これは、第２章で書いたようにプールを占有する雌が他個体の接近を許容する距離が５メートルであったことと一致する。

3月21日　4:42 p.m.　この日もお花のつがいは休息場所のお玉のつがいの北にいた。その間の距離は約5メートル。この距離でどちらのつがいも静かにしていた。

3月22日　2:57 p.m.　一郎がそろりそろりと南西側から餌場に近づきつつあった。後2メートルというところで、二郎が翼を横に広げ頭をグイッと下げて休息場所から駆け出して行った。一郎はノソノソという感じで西の方に逃げた。休息場所の北約3メートルの所に出ていたお玉は、コオーコオーと鳴きながら攻撃途中の二郎のところに戻って寄り添った。首を立て顎引きをしながら餌場の方に二郎を促すようにその後ろについて歩いた。

　顎引きは、基本的には戦わないで相手に対して対抗する姿勢を見せる動作とみている。ただ、この場合は雄をなだめる側面が強く出ているようだ。これは既に第3章で説明したとおりである。

それに、コオーという鳴き声は、相手雄に対する威嚇と思われ、つがいの存在を誇示することに通じていると言ってよいだろう。

また、お玉の歌、コオーという鳴き声に関しては、この活動期間中3月19日と3月22日に実際に聞いただけである。このことからもこの声は競合し合う相手つがいに対して自らのつがいの存在を主張する誇示行動という部分が極めて高いことを示すもう一つの例である。

バタフライ・ディスプレイも、新たな雌が現れてから見せたのであり、殆どの場合、敵対する者に対する儀式的動作としての役割を果たしていると言ってよいだろう。

6）巣作りは同時に進む

1984年3月23日

4:07p.m.　新しいつがい（お花のつがい）が交尾。餌場のずっと北約20メートルのところだ。

4:08p.m.　お花のつがいはもう一度その近くで交尾。

3月24日

4:19p.m.　お玉のつがいの方でも変化があった。ハイド直前のハス田との境（畦）近くまで来たお玉は枯草の小さな塊の中に入り、二郎に尻上げをし、巣材をつまんだりその場で一回転したり約1分間そこにとどまった。二郎もその草陰でごそごそ動いていた。お玉の番は巣の場所の選択に入っていたのだ。

3月28日
9:14a.m.　お玉は餌場の北約6メートルの所にある青い草の中に入り胸の下に嘴を入れたり、周りの草を引き寄せたりしている。産座らしきものもあり、きれいな巣内の空間が出来ていた。二郎はその巣らしきところの約50センチ西で採餌中。これは、お医者の2軒隣の隅中ビルの5階から見て確かめたものである。

この巣らしきものは仮のものであり、実際の巣はさらに北、餌場から約25メートル北に決まった。

3月29日　新しいつがい（お花のつがい）が揃ってハイド直前のハス田に入ってきた。雌のお花がそこで一郎に尻上げをしている。これは巣を作る場所選びの際の特徴的な動作である。

古いつがい（お玉のつがい）は巣作り行動がさらに進んでいた。お玉は巣の中に入って胸を産座に押しつけ、足で産座の中央から外に向け巣材を蹴りだすようにして押しやろうとしている。その後は、巣の中で立ったまま周りの草を引き寄せる動作に移った。これは、巣の上部に屋根をかける動作で、雌も雄も折に触れ行うものである。

二郎は巣の約1メートルの所で嘴を肩に入れじっと動かなかった。お玉が巣から出たところで二羽はそのまま30分たっても動こうとしなかった。

4月1日　お玉と二郎の巣に卵が4つ見えた。隅中ビルの上からよく見える。

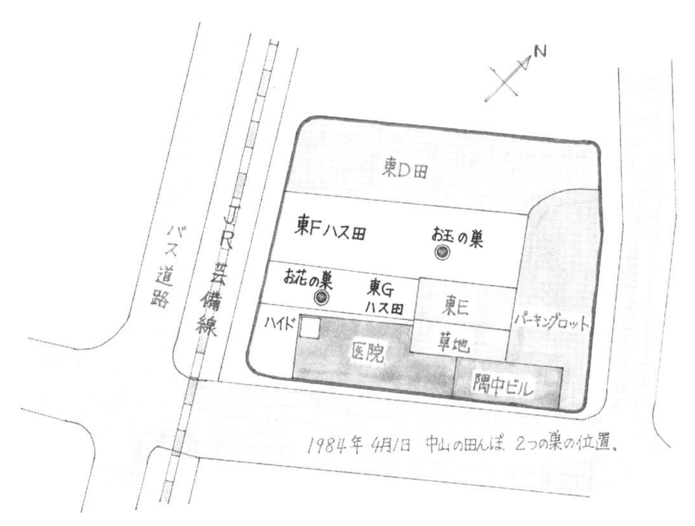

4−⑧　二つの巣の位置図

4月2日　お花の巣はハイドの目の前約7メートルに決まっているが、まだ卵はない。

4月4日　お花と一郎の巣には、一郎が座っている。観察中一郎が巣に座り続け外に出ることがなかったので、この日卵があるかどうかは確認できなかった。

その後、両つがいともに無事四羽の雛をかえした。繁殖に向かう雌は敢えて既に活動しているつがいに接近すること。

その接近できる距離は約５メートルであること、巣作り時期は相当な確率でシンクロナイズすること、何より、一羽の雌が雄二羽とずっと過ごしていても、それが一妻多夫に必ずつながるものでないという事実を見定めることが出来たのは収穫であった。多くのつがいを見てきたが、二つの観察地の観察から、一羽の雌が二羽の雄と番関係を結んだとはっきり言える例は一つだけである。

牛田と中山の例とを比較すると、それぞれのつがいの違いが見えてくるばかりで、一律につがいのでき方を定義するのは難しい。牛田では雌がさりげなく相手を選び、中山では、二羽の雄の一方がもう一方の雄を苛み続けてつがいができあがった。２つの観察地は直線で２キロばかり離れているだけだが、つがいのできあがり方に有意な違いがあると見ることは出来ない。どちらも実に静かにさりげなく進行しているのである。ただ、共通していることは、つがいたちが巣作りにかかろうとしても接近し合うという事実である。

牛田の場合は、相当に狭い環境に集団は密集して生活せざるを得ない様子であった。その制約の中で、雌は集団をまとめるリーダーシップを発揮し、餌場の占有もした。その占有地にいるリーダー雌に春先には雄が迫るという光景があった。しかし、これらは中山では発生しない現象であった。中山では、雄が仲間を追い出してつがいが成立し、雌はつがいの表の顔を保ちながら、つまり、ディスプレイなどでつがいの存在を誇示しながら、実際には雄を絶えず助け支える役割を担っていたようである。簡単にタマシギたちの繁殖行動の一律な定義は出来ないというのが私の正直な思いである。

いずれの観察地においても、つがいの相手を選ぶ時に、その声でも、体の動きでも、目立たない行動の仕方をするという方向に向かってきたことを思わせる。稲田などの低い草むらで生活する状況に適応してきたというだけでなく、種としての気質、平穏に波風立てずに過ごそうとする性質も大いに関係しているようである。

タマシギの世界ではかなり変わったつがいの例として、どうしてもここで付け足しておきたい記録がある。タマシギの雄と雌の何とも物悲しいやり取りで、彼らが、たまにはこんなすり合わせをし、やりくりしながら生活をしているらしいことを示す一例である。牛田Ｄ田ハイド前の土地を守る雄とその土地を元からいる雌から奪った雌が繰り広げた痛ましいとも呼びたくなる巣作り、妥協の作り出す雄雌のやり取りであった。

Ⅲ　そりの合わない雄と雌

1）雌が入れ代る

典型的な巣作りの場合はどうかというと、実際の巣作り作業には雄がほぼ例外なく率先して臨む。つがいの二羽で数か所の候補地をめぐり、適当な草のかたまりがあればどちらかがそこに頭を突っ込み、大抵はすぐ後ろにいる相手に尻を上げて見せる。この点に関してはどちらかというと雌の方が積極的である。一方実際の巣作り行動に関しては、雌もその作業を見せはするが、初めから雄の方がはるかに熱心である。
しかし、2卵目が巣の中に産み込まれた辺りから、雌が巣から離れ、草陰に隠れるようになる。そして巣作り或いは巣の補修はほぼ雄の仕事になると言ってよいだろう。

ここで取り上げる話題は、1975年春先D田ハイド前で目撃したものである。全く変則的な巣作り行動で、これは通算15年の観察でもただ1回しか出会っていない出来事であった。これは例外として切り捨てることもできるが、実際に目の前で起こった現実である。しかもその雄雌の変則的な行動は長く続き、その現実を無視するわけにはいかないと私は考えた。タマシギの抱えている事情に深くかかわるものと考えたのである。
その年の春先、ハイドの前の湿地状の田んぼには数羽のタマシギが散らばり、ハイドの直前には1組の雄と雌が陣取っていた。この光景はずっと変化しなかったが、3月9日に一つの事件が起こった。朝ハイドに入ってスリットから覗いてみると、目の前の田んぼでは雌が入れ代り、今までずっと前方にいた雌が立っていた。元々いた雌は過眼線の形、羽根の汚れた様子、動きの癖などから、なじみの個体であった。しかし、今度の雌は、羽根の艶も見事だし、喉の赤い色などとても美しい個体なのだ。元々いた雌は、ずっと前方に控えることになった。

3月9日の雌の入れ代り事件からその雌はずいぶん辛抱強く雄に接した。雌は4月4日になってやっと巣作りにかかれたのだが、人間的に解釈すれば、雄の「無言の抵抗」にあい、共同で巣作りに取りかかることが出来たのは4月9日であった。普通では考えられない事態である。3月9日からの動きの要点をたどってみよう。

1974年3月9日にハイド前で入れ代った雌と雄のやり取りである。

雄と雌は一緒に採餌するが、雌が雄を時に追っ払う。つまり、ハイド前の縄張りについて張り合っていた。

周辺にいる独り雄がハイド前に侵入を試みるが、以前からハイド前に居る雄が猛然と追っ払いに出ていく。つまり、この雄は、この餌場の占有権を主張し続けているのだ。ここでも雄と雌の内的状況は殆どすり合せが出来ていないと見るべきであろう。というのは、周辺の独り雄を追っ払いに出た直後に、何もしない雌に突っかかる行動がよく見られた。働かない雌に強くアピールしているものと見なしてよいだろう。これは他のつがいでもつがい形成の初期段階でよく見られる行動である。

交代してハイド前にいる雌は、周辺部にいる雌にバタフライ・ディスプレイをするが、その直後に相手の雌とくっついて採餌行動をした。同様の行動については既に取り上げたが、元々の仲間の雌とのつながりと、つがいになろうとして縄張り宣言をする立場の間で揺れている雌のありようであったと見ている。

3月14日　7:15a.m.　ハイド前の雄と雌は交尾。

3月15日　6:08p.m.　ハイド前のつがい、まず雄が雌に尻を向けて尻上げ。応じて雌は雄に向けた尻を強く力を込めて絞ったまま尻上げをしていた。

このように交尾もし、しかも雄も雌も相手に向けて尻上げをすることになると、そのまま巣作りに入るのがごく普通のタマシギたちの繁殖活動の姿であるが、このつがいは違っていた。この雄がまず尻上げをしたのは、私の見た限りここまでこの１度だけであったし、雄はまるで巣作りに関心を示さなかった。

3月24日　ハイド前の雌がずっと前方に出ていき、そこにいる雌と雌同士のディスプレイ合戦。それでも済まず相手の上に乗ろうと取っ組み合いの争いになった。その後、手前に帰った雌は、後に巣になる場所でコオーと約12分間鳴きつづけた。雄の方は雌から約1メートル離れて嘴を肩に入れたまま動かなかった。それから、雌はその動かない雄に近づいた。

雌は、周辺にいる雌と格闘して縄張り意識の高まりを表わし、動かない雄に近寄ってアピールを試みたようである。

2）雌の長い辛抱の日々が続く

1975年3月31日　朝にはハイド前の雄雌はやっと交尾に至った。それも、ぎくしゃくした動作が3度も続き、4度目で雄は雌の背に乗った。しかしながら、巣作りへの進展はまだなく、雌がその行動に集中し始めるのは４月４日になってからであった。

４月４日　7:38a.m.　雌は巣のずっと北で巣材引きをしていた。そしてグワウ、グワウと小さな声をあげ続けた。この日はこんな風に囁くような声で鳴き続けた。雄を呼んでいるとしか思えない。

7:42a.m.　雄がハイド前に南側から現われ雌の方に近づいた。すかさず雌はその雄の方に尻を上げ尻上げをするが、雄はすぐにもと来た方に歩き去った。雌は巣材引きを続け、雄の行った方に向いて首を高く伸ばしクエーとかグエッとか低い声でつぶやいていた。

この日、夕方遅くにも観察してみた。　6:39p.m.　ハイド南東側にいた雄が、ハイド直前の草のない地面に出たのに反応して、同じ地面に出ていた雌はすぐ最寄りの草の中に頭を突っ込み雄に尻上げをした。そして、雄がじゅうぶんに近づいたところで、雌はその草の中から出るなり巣材引きを雄の目の前で一心にやりだした。一生懸命のアピールとしか言いようがなかった。

４月５日　7:51a.m.　雄が最寄りの枯草の中に頭を突っ込む。すぐさま雌はすり寄るように雄の側に立ち、雄に尻を向けてじっと立つ。

雄がそこから出ると、すぐ雌は巣の方に向かった。雄は、ハナショウブ側にある休息場所の方に行ったかと思うと、雌の方に向かう様子をしたりしながら途中の草の中で止まってしまう。こんな事の繰り返しであった。

4月7日　6:55 a.m.　ハイドのすぐ前には雄と雌が並んでいた。雌は巣材引きをし、雄は雌の側で突っ立ったままである。

7:09 a.m.　雌が独りで巣に入った。胸を産座に押し当て両足を後ろにいっぱいに伸ばし巣材を外に向け押し広げるようにして均していた。雄は、休息場所に出て羽繕い。

7:17 a.m.　雄は巣の方に進んだが、約1メートル巣の南東の青草の脇に立ち止まり、草の先を引っ張り下ろそうとしている。これは巣の補修時にする動作である。巣作りをする内なる欲求は持ち合わせているのである。

その後1度は雌と交代して巣に入った。座り心地を確かめているようであった。これは初めての行動であった。

7:31 a.m.　雄は雌が巣に入って約2分後巣の約1メートルのところまで近づくが、あくびをするばかりで動かない。

4月9日　7:36 a.m.　雌が巣に入っているが、雄はその約1メートル北で眠ってしまった。次に、雌は雄のすぐ前まで行ってゴワ、ゴワ、ゴワ、ゴワと小さくつぶやく。雄に行動を促しているとしか言いようがない。

7:42 a.m.　雄が巣に入った。あちこちと向き直って草を引き寄せており、雌は約2.5メートル北東に立ち巣の方を見ていた。

7:48 a.m.　雄は巣を出たところで巣材引きをし始めた。この雄の巣作りに関する行動は、4月7日と今日の2度しか目撃できていない。巣材引きは、巣作りの最も基本的な動作であり、どの個体も持っている生得的な行動であると言ってよいであろう。このつがいにしては事件とでも言うべき行動であった。ここでやっと牛田では普通に見られるタマシギの繁殖行動が展開することになった。この後は、雄が巣に座っているところを見届けて、このつがいの観察は終了した。

3）変則的つがいについてのまとめ

「そりの合わない」という表現をこの例の番に当てたのは、観察したタマシギつがいが示していた余りにギクシャクした生き様の現実に接し続けた場合、その現実は観察者に「立場のすり合わせ」という言葉を用いる以外に適当な表現の手段がないと思わせるものだったからである。

ここまで観察してきた雄は巣作りの経験のある個体であると見てみよう。もしそうだとしたら、この雄は巣作りをしたい欲求を抑えてその雌と共に働くのを拒否していたことにならないか。タマシギの場合、雌が巣作りする振りをして雄に作業を任せることはあるが、雄がずる休みをすることは巣作りに入ろうとするタマシギの雄では殆ど考えられないのだ。

この雄では、巣作り行動を抑制するよほど大きな内的力、つまり巣作りを拒否しようとする、敢えて人間に例えて言えば、嫌悪感に類するものが働いていたと私は見ている。

反対に、その雄が経験のない若鳥だとしたらどうだろう。縄張り行動もし、交尾もし、繁殖活動は始動した。次に来るべき巣作り行動に関しては雄が何もしなかったことが問題になる。雌の動きを見、しきりにアピールされ刺激を受けた後にやっと雄本来の行動、巣材引きに専念する行動、を引き出すことが出来たと考えるべきなのだろうか。

問題は、巣材引きという巣を作る行動にありそうである。私が、二つの観察地で見た数々のつがいの行動から見て、交尾まで行ったつがいの雄が、相手の雌の見せる、巣の候補になるべき草に尻を向ける行動に反応してその草の中に首を突っ込むこともせず、更に、雄の方がほぼ全ての場合に見せる熱心な巣材引きを全くしなかったこと、そこに雄の普通ではない状況を見るのである。

仮にこのつがいの雄が学習をしたことでやっと巣作りに参加したとしてみよう。ここで試しにローレンツが紹介しているグレイグの説を参考にする。問題の運動パターンを放出すべき環境状況についての「知識」を得ることに関し、「未経験の若いハトが、充足的反応を起こすためのじゅうぶんな刺激を得ることを、したがって自分の欲求を満足させることを学習している」(p.116) という見方もあり得る。つまり、このタマシギの雄は学習をする必要があったという考えも成り立つかもしれない。

しかし、今回私があげた例に関し、雄がじゅうぶんな知識を得る必要があったとは考えにくい。この雄は既に特定の場所を占有し、周辺の個体に絶えず攻撃を仕掛けてその場所を他の個体たちから守っており、更に既に別の雌と一緒に行動していた。ここまでの行動については全く未熟な行動は見られなかった。ただし、巣材引き行動だけを見せなかったのである。

巣材引き行動はほぼ生得的なものである。少しでもその個体の繁殖に向けてのエモーションが高まると、雄が巣作りの気配もなく、番も成り立っていない状態でも巣材引きをし始めることをよく目にする。それ故、交尾などの行動と共に巣材を集めるなどの行動が同時に発現すると考えるのが自然であろう。そのことを考えると、交尾まで進んだ番の雄が、巣作りに手を出さないのは、非常に強いネガティブなエモーションに行動が抑制をかけられていたとしか考えられないのである。この雄は若鳥ではなく、おそらくその雌とそりが合わず抵抗を示し続けたと私は推測している。

雌が強引に雄の持ち場に入り込んだ。一緒にいながら、雌は、群れのリーダーという地位を示し、そこで激しく縄張りを守っている雄をこづいたりした。これはそれぞれの縄張りについての執着のぶつけ合いととってよいだろう。雄は、おそらくこの場で巣作りに進むことを受け入れられず極力巣作りに力を貸さなかった。そこで雌はやむを得ず独りで巣を作ってしまわざるを得なかった。これが私の解釈である。

牛田、中山での私の観察によれば、タマシギの雄の巣作りにそそぐエネルギーは非常に強い。巣作りを含めた繁殖行動は、縄張りの主張も含めて、ほぼ雄の受け持つ領分である。その基本的な部分である巣作りを殆どしなかったということは異常と言うべきであろう。

雄は、この場合、その強い巣材引きに向かう欲求に自ら蓋をしていたと見たのである。そして、巣に向かおうかどうかの「迷い」もしきりに示していたのは事実である。この雄はどちらに進むか、内からの呼び声の間で「揺れ続けた」。一連のこのつがいの行動は、生きものが示す現実の生き様の一つと言えそうである。

タマシギの雄と雌が、その進化の過程で受け継いできた役割に従ってお互いの主張をし、矛盾をすり合わせ、乗り越えようとした一つの例であると言うべきであろう。

雌に関して言えば、派手な色彩を身にまとっているが、それを他の雌と誇示しあいながら縄張りを張るという意味では大いに役立っているとは言えず、例えば、そのバタフライ・ディスプレイはつがいが出来てから見せるなど、随分と控えめにしか働いていないようである。

雄の中には、上にあげたように雌のリーダーシップのもとで巣作りをすることに激しく抵抗しながら、結果的には現実を受け入れるものもいる。必死のすり合わせをそこに見たとするのが自然であろう。

つがいのでき方、あり方もいろいろである。その点だけからでも、生きものは簡単に定義して済ませるものではないようである。

第5章　タマシギたちの縄張り

—群れて生きるものたち—

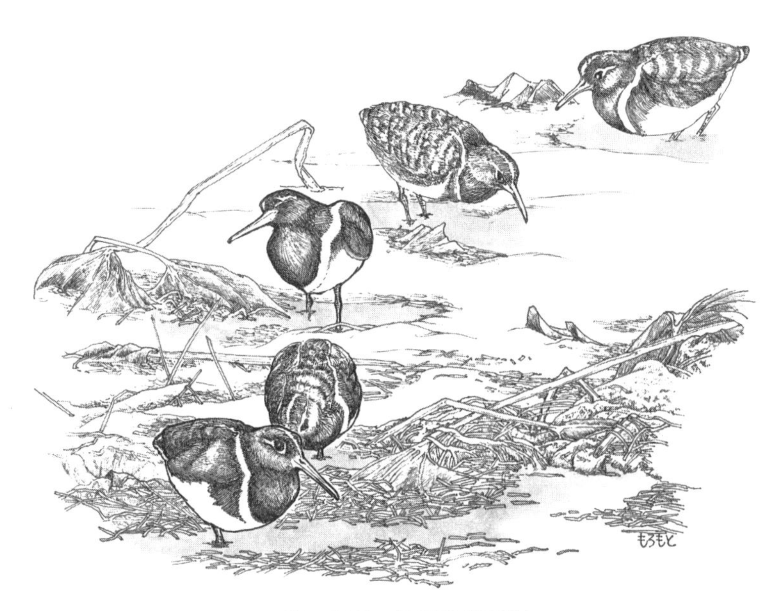

5—①　A田　冬の五羽の群れ

上の絵は牛田で見たグループの一つである。冬の朝、密集集団のまま餌を探して嘴をあちこち泥の中に差し込み、ゆっくりと前進している典型的な群れの姿である。雄雌の別なく、いさかいもなく、日中はこのような草のないところに出ているのに出会う。人の目もなく侵入する動物も殆どなく、この牛田のように家々に囲まれていて空からトビなどに狙われる機会も少ないとなると、特に早朝などでは草のない開放的なところに出ている可能性も高まる。

ただ、日中はこのように平穏な生活をしているけれど、既に書いたように夕暮れ時からのタマシギたちの暮らしは、文字通り闇に隠れた側面を見せつける。

牛田での観察に続いて、中山でも同じように観察していたが、牛田は家々に囲まれた田んぼという閉鎖的な環境である。中山は比較すればかなり開放的な空間の中にある田んぼであった。

牛田の観察地は私の家のすぐ側であるが、中山は牛田山を東に越えた直線にして約2キロメートルのところにあり、車でぐるりとその山の麓を廻っていくなら、約10キロの距離となる。どうしても中山の観察には同じように時間をかけられない。特に夜の観察は出来なかった。

それ故、観察結果をそのまま比較するのは難しい。ただ、「群れ」というものを考える良い機会であった。山一つ間に挟んだ二つの少しずつ性格の違う生息地の状態がタマシギという生きものに違った生き方をさせてきたようである。群れるとは、縄張りとは、何なのであろうか。疑問は果てしない。

1　集合場所の雌たち

1）雌の間で挨拶が交わされる

第2章に書いたこと、夕方から夜にかけてのタマシギたちを振り返りながら始めてみよう。秋から冬のあいだを通じて彼らは夕方の集合をした。

これは一種の儀式と私は解釈している。集合し仲間同士で踊り、草むらから広い空間へ出たことの充足感を体で表し、その感情を仲間同士で共有している。つまり、彼らは、群れ社会の一員であることをそこで表明している。群れとしての堅い結びつきをそこに見たのである。「群れ」がタマシギたちの基本にあると私に納得させたのはその夕暮れ時の集合の光景であった。

その密集したダンゴ状の群れは、時間がたつにつれ、田全体に散らばって餌探しをするのが常であった。

1974年の１月、牛田の群れの主なものたちがＤ田に移動していて、朝からはそこで過ごし、夕方になるとＡ田の集合場所に飛来する行動の形が目立つようになる。飛来後しばらくして彼らは田に散らばって採餌行動に入っていた。間もなく群れの中に不思議な行動をする雌たちの動きがあった。無言で静かながら、重々しい緊張した雰囲気が伝わって来るもので、雌たちの間での「挨拶」と呼んでもおかしくないものであった。辺りが暗くなっても、残っている空の明るさに照らされた田の表の彼らの動きは慣れると意外にかなり見えるのである。

同じ１月の12日、夕方５時45分（日没後25分）Ｄ田からパラパラと飛来し、合計六羽（雌二、雄四）が思い思いに採餌行動を始めた。８分して、Ａ田東隅から、つまり、Ｄ田の群れに加わらずにいた一羽の雌がこの広がった群れの端に近づいた。この冬、Ａ田東隅には雌の若鳥二羽がずっといて、群れ本体とは別行動をしており、現れたのはその内の一羽であった。

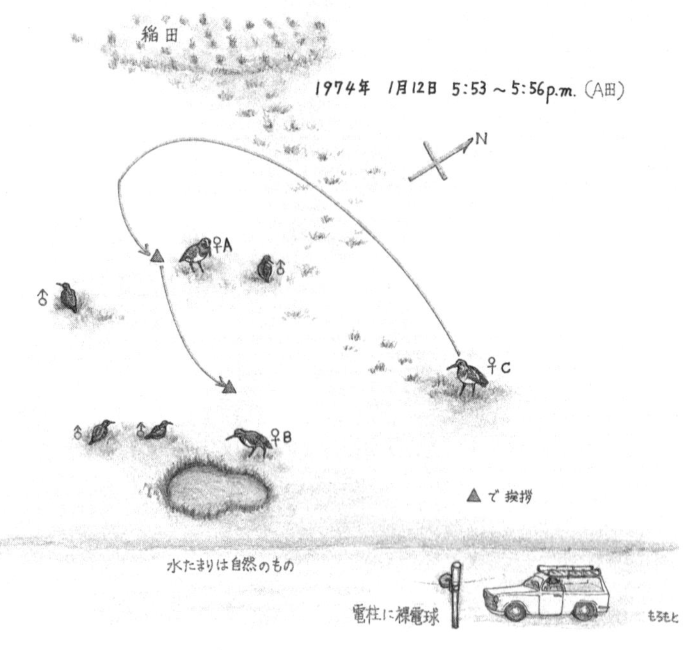

5—② 雌による挨拶の図

その若雌は、見ていると、群れの外側をぐるりと大回りして群れの北端についた。この若雌がそこで採餌行動に入って暫くした時のことであった。群れの中の一羽の雌が、その若雌に足早に近づいていったかと思うと、正面向きのまま頭をくっつけ合うようにして一時採餌行動を続けた。若雌は初めから終わりまで頭を上げることはなかった。それが終わって、次に若雌はもう一羽の雌の方に向かって歩いていった。向かってこられた雌は採餌行動に余念がなかったが、振り向いてその若雌の方にタッタッタッタッ…と走った。そして先と同じように若雌と頭をくっつけるようにして採餌行動をしていた。約１分の間同じ姿勢をしていた後、雌は若雌をそこに残し最寄りの草の中に入っていった。

雌たちの周辺にいた雄たちは、緊張した「挨拶行動」の間、反応を見せずそれぞれ採餌行動をしていた。1月14日の夕方も同じように若雌は、緊張を強いられていた。

これらの一連の光景、草むらから急いで出た群れがバタフライ・ダンスを皆でし、その後雌たちの隠されていた力が群れのまとまりを維持するため働いている事実は、私にタマシギの社会を考えさせるきっかけとなっていた。つまり、A田の集合場所は一種の社交場（クラブ）なのだ。このクラブという表現はティンバーゲンが使ったもので、先に使ったレックというものと同じと考えているが、ここのタマシギの集合場所が果たしている役割は、ティンバーゲンがセグロカモメの行動習性を説明するために使った意味とは少し違っている。セグロカモメでは、そこに彼らは集まりつがいの相手を見つけて出ていくと言っている（Tinbergen, p.82）が、タマシギのこのA田の集合場所は単に夕方最初に集合する場所であり、つがいの相手を探すのではなく、第一番目に、暗くなり開放的な空間に出られた気分を共有するための場所である。それに続いて、群れは更に広い場所に散会し、今述べた入会儀式とも見られる行動を行うタマシギの社会組織の有様が含まれていたと言えばよいであろう。

更に付け足すと、ティンバーゲンが述べる性格に近い集合場所は、次に述べるD田の春の集合場所であろう。それがティンバーゲンの集合場所の働きの一部を果たしていると私は考えている。ここまでの観察で行きついたことをまとめてみよう。

二羽の雌から挨拶を受ける「儀式」が確かにあると見てよいだろう。この牛田のタマシギたちの群れの中に特に雌に力を持ったものたちがいて、その力を持った雌を中心に群れは動いていることをその儀式は予感させる出来事であった。2羽の有力な雌が牛田の群れにいることは、先のプールでの観察で証明している。

群れは、その田の特定の場所に集合する。既に述べているように、彼らには集合場所というべき場所があった。夕方そこにしばらく留まるが、やがてさらに二羽、三羽と小さな集団になって散っていく。この段階で、個々の個体が縄張りを主張する光景は目撃できなかった。つまり、共有の土地をリーダー雌が中心になって分け隔てなく平穏に利用する群れのように見えていた。

餌場の独占という現象が立ち現れると、雌が占拠しているその特定の地点から数メートル背後の草むらに隠れたように群れる数羽のタマシギたちの姿が存在していることも同時に観察していた。

つまり、群れとして行動する習性は、餌の独占という状況が生じても、崩れることがない。それ故、雌の独占は、ごく狭い意味での縄張りに違いないが、実際早春には解消してしまうのであるから、一時的なものと言うのが当たっているだろう。

つまり、リーダー雌の持つ特権は冬場を過ぎると他のものたちの「個体距離」がその存在を発揮する中に埋もれるという宿命を背負っていると言うべきであろう。雌たちは、夜は、餌場を独占するなどの力を持ちながら、繁殖期にはいると、その力を抑制し、控えの位置に退くという限定的な力の使用をするように適応してきたようである。

2) 雌たちが隠れていた力を見せた

既に第２章で紹介したように、Ａ田に小さなプールを作った。そしてそこにモミを置きだすと、夕方の集合の形がくずれた。集合場所そのものがプールの方に少しと言っても数メートルだが移動し、そこから四羽が一緒にプールの奥に飛んだが、一羽の雌だけがそのプールに直接下り、プールを独占しだした。

もう一羽の有力だと思える雌の動向が気になっていたので、プールに近づけないとしても、そこからある程度離れた所にもう一つプールを作るとどうなるか試してみた。するとすぐそこにそのもう一羽の雌は定着。二つのプールの間の距離は５メートル。二羽の雌は安定してそれぞれのプールを守りだした。更に三つ目のプールも作ったが、これは誰も使用しなかった。この牛田では、有力で群れをリードする雌は二羽のようであった。先の暗闇で挨拶を受ける二羽の雌の存在と数は符合している。この集合場所の雌たちの行動と一連の実験から見えてきた群れの現実の姿は次のようにまとめられるだろう。

ここのタマシギたちにとって、土地は基本的に群れ共有のもののようである。彼らが秋口から冬中ずっと密集集団となっていることがその表れである。餌が特別に多いところがあると、彼らの中に隠れていた個体距離を欲求する心理が拡大する。その距離は5メートルで、順位一位、二位の雌がいた。ただ、この独占という現象が現れても、その第一位独占雌の数メートル背後の草陰に数羽の他の個体が群れているのがいつもの光景であった。

餌の独占状況が生じても、群れとして行動するタマシギたちの習性は崩れなかった。群れとして繋がっていないといられないという性質を見せる。それと同時に群れの中の順位をあらわにし、繁殖期でない時期に特定の場所の占有権を主張する個体の存在を許す。これが牛田のタマシギたちの社会組織の姿であると言ってよいだろう。

II　春先のもう一つの集合場所

群れの主なものたちが春先には昼間の居場所を移動するという現象は毎年のことである。ここ牛田では、彼らは主にA田とD田の間を往復する。その距離は200メートル、飛行コースを邪魔するように建つ3階建てのビルを飛び越え往復する。D田は全く休耕しており、A田は東北端に休耕している広いスペースがあって、どちらも極めて湿潤であった。このD田のスペースがもう一つの集合場所に当たるであろう。1976年の群れを例に、この集合前後の群れの行動を概念的に表にしてみよう。

Ａ田群れの秩序ゆらぐ	１月下旬	第一位雌の位置を第二位の雌が狙いだす
Ｄ田に早春の群れをつくる	２月中旬	一組の雄と雌が中心部を占拠し他の個体を排除しだす
	２月下旬	つがい雄が自己主張の度合いを高める
群れの分散始まる 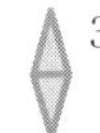	３月中旬	雄の縄張り行動が特に目立ち、間もなくつがいは別の田に移動する

第２章では夜間プールの餌場で起こる群れの揺らぎについて語った。その揺らぎが始まった頃、彼らの群れとしての活動の中心がＤ田に移る。それまで夕方になるとＡ田で活動を続けるグループと、Ｄ田に向かうものたちなどバラバラであったものが一つの方向性を見せるようになる。Ａ田の揺らぎの頃から、朝も昼も夕方もＤ田東端の一番泥深いところに集まって過ごすようになる。これが集合場所という言葉を使った理由である。

丁度Ｄ田の３分の１を占めるその泥深い部分は、東北の端を高さ約４メートルの石垣で守られ、その上のバス道路からは、意図的に下をのぞかない限りタマシギたちの姿は視界の外にあると言えばよいだろう。更に、南西側には私がハイドを張らせてもらったビルの地下倉庫があり、北側は人家の庭の生け垣で目隠しされ、ほぼ人間の介入のない空間をつくっていた。

そこで早春に見せた彼らの活動のうち、群れというものを考えるのに重要だと思われる２月中旬から３月中旬のところに注目してみよう。彼らの活動の日付は毎年殆どずれることはないが、今回取り上げるのは、1976年Ｄ田ハイド前の群れの動き、群れの分散、までの活動の暦である。

1976年

2/11　D田にタマシギたちは集合。朝は七羽から九羽の姿が見えたが、ハイド直前に設けた餌場での雌の優位変わらず。

2/14　雄が自己主張を始める。そしてハイド前の雌の領分に侵入を試みる。

2/15　つがいが成立したようであった。雌の守っているところに雄が入り込み縄張り活動をしだす。雌自身は自分の領地を守る活動を控えめにし始める。

2/25　つがいが一緒に活動する姿が目立つ。そして、ハイド前の雌の領分はむしろ雄が守る光景が目立ちだす。

2/29　つがいの結びつき更に強まる。雌は交尾を誘う気配、行動を見せる。

3/6　夕方つがいが揃って田を離れる。つがいはそのハイド前の縄張りをそのままにして飛び立ったことになる。（注）

3/11　朝、既にハイド前のつがいはいなかった。A田に移ったままなのだ。そして、留守になったD田ハイド前には独身雄が入り込んでいた。

3/14　6：40p.m.　A田に出ていったつがいが自分たちの元の縄張りの少し西に姿を見せた。しかし、すでにそこを占有している独身雄が侵入を許さなかった。

注：3月6日の夕方、ハイド前のつがいの行動をより詳しくたどると次のようである。

既にハイド前には、「にぶ赤」と呼んでいた雌と、「独身雄」と呼んでいた雄が別々に侵入しようと構えていた。そこで、ハイド前に陣取るつがいの雄はそれらを追い払うために走り回っていた。雄が10回出ていく間に、つがい雌は1回攻撃に出るくらいで、そこの縄張り守備に対してはとても控えめになっており、時々、雄を落ち着かせようとするのであろう、既に説明した、ココココ…という声を上げるのであった。

しかし、6時36分（日没後26分）には、つがいの二羽は揃って田を飛びたった。3月11日には、ハイド前つがいはA田に移ってそこで活動を開始した。

春先D田の東北部分は群れが集合するためのものと言うべきであろう。彼らは一時的にこの場所に群れる。そして、しばらくつがいの結びつきを強めた後この田を後にする。それと入れ代るように、すでにそこを狙っていた雄がハイド前をわがものにする。間もなくこの雄も、同様にこのハイド前を狙っていたにぶ赤とつがいになった。

最後に上げた3月14日の例、元の領地に入れないという事実は、このD田はつがい形成のための集合場所、つまりもう一つの集合場所という役目を持つ傾向が強いことを証明していると見てよいであろう。雌の領地に入った雄たちがその土地の所有を強く主張する姿勢を見せ、縄張り活動を強めてつがいを形成し、つぎつぎと出ていく群れ共有の場所としてこのＤ田は存在していたようである。

ここで、雄が縄張りを主張しだすということを強調しておく必要があるだろう。表面に出てくることは避けながら、群れ社会の重責を担いだすのである。繁殖活動において、特につがい形成の段階で、タマシギの雄は、いわゆる「雄」としての役割を担い、縄張りを張る働きをしていると見てよいだろう。

牛田では、それぞれの田の面積が小さいこと、分散していることが重なって、冬場と春先で群れの活動の場が違うことが分かりやすい形で目の前に展開された。冬の集合場所と春先の集合場所があると言ってよいだろう。

III　つがいが守る空間

1）つがい同士が集まりたがる

つがいが続々とできあがる時がある。繁殖期の途中でもつがいができて複数のつがいが集まる光景に出くわすことがある。しかしこのつがいが群れる行動はいつも見られるというわけにはいかない。草が偶々あまり伸びていなくて見通しの良い時でないとなかなか見届けにくいという事情があるからである。ここでは、比較的よく見ることが出来た二つの例で、つがいが集まりながら距離を保ちあう光景を見てみよう。

Ｄ田は細長い田である。更に同じように長いＥ田が細い道を挟んで西に並んでいる。既に書いたことをもう一度取り上げることになるが、細い道を挟んでその二つの田に番が次の図のように並んだのである。Ｅ田は稲作を続けていて、草が生えてなく見通しは良い。ただ、Ｄ田は休耕中で北西半分は草が生えすっかり見通せるというわけではない。そのためか一羽だけどうしても相手の雄が見当たらなかった。

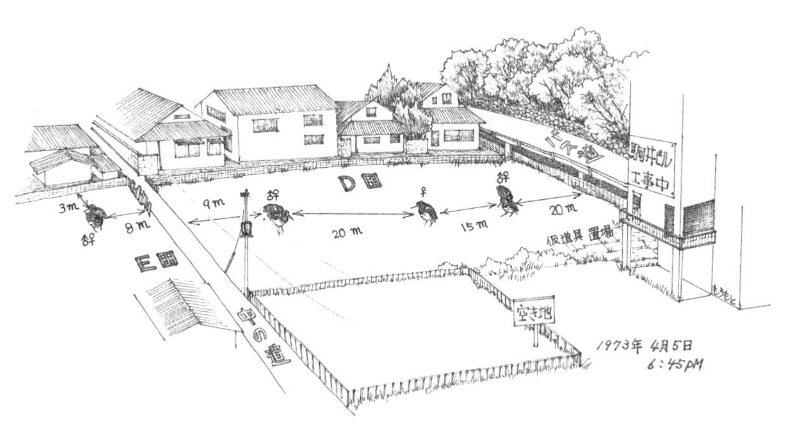

5ー③　1973.4.5　Ｄ田の図

1973年４月５日の夕方であった。夕暮れ時は普通集合の時間帯である。その集合はこの時密集ではなく、つがいはそれぞれ合間をとっていたのである。そして約10分後彼らは次々Ａ田の方角に向かって飛びたった。そのＤ田には誰もいなくなる。ここで、この田の縄張りは次の日まで解消すると見てよいだろう。

このような現象が次の日もこの田で見られた。二つがいと一羽の雌だったが、それぞれの間隔はどれも約10mであった。前日の間隔はバラバラで、約15mから20mだから、決まった数字は出てこなかった。

彼らは、つがいをなし今すぐにでも巣作りをしようとする時にも、夕方離れがたくある距離を保ちながらも集合するという習性があると言ってよいだろう。彼らの決まった集合場所で多少広がりがあれば牽制し合いながらも、仲間たちと約10メートル距離を保って飛びたつ前に様子を伺い合う傾向があった。

次に同じ年のＢ田の例を見てみよう。６月７日だから繁殖期がずいぶん進んだ頃である。

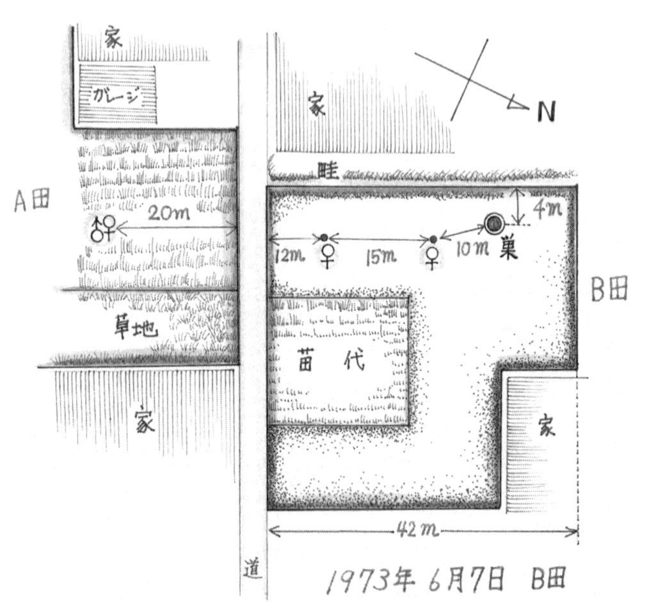

5－④　1973.6.7「Ｂ田」の図

この田も相当にぬかるんでいた。我々が歩くのは大変な労力を要するほどであった。すでにそこには一つの巣があり、雄が卵を抱いていた。そこに図のように雌たちが姿を現し、更にA田には一つがいが出てき、それぞれが緊張し首を立ててすっくと立っていた。とても目立つ光景であった。

この二羽の雌は、直前までC田にいた。C田から同時に飛びたちBに向かったことを確かめてから自転車で追いかけ、この場面に遭遇したわけである。C田でも二羽は約10メートルの距離を保ち牽制し合っていた。B田に着いた後巣の近くに下りた一羽は黙ってじっと立っていたが、もう一羽はコオー、コオーと鳴いていた。私の経験からすると、黙っている方は優位で、鳴いている方は挑戦者であると言うことは出来るだろう。鳴いている方は巣を作る直前か作りつつあるかである。もう一方は既にある巣の雄の連れ合いであった可能性が高いと見ている。

というのは、次の日には雌の一羽が既にある巣から６メートルの距離に立っていた。既に４卵巣には産み込まれていても、巣に何か一大事が起こりそうなときに雌がその近くに控えているのはよく見ることである。苗代の東北隅のすぐ外に一つがいがいたことがその牽制のしあいの原因であったようだ。次の９日には苗代の東北側すぐ外に巣ができ、卵一つが産み込まれていた。雌の歌は、産卵しようとしていた番の雌のディスプレイであったと言ってよいであろう。

この例では、雌たちの並ぶ間隔は10メートルから20メートルを超えるくらいである。牛田のように家々に囲まれた田んぼでありながら、比較的広い空間がある所では、間合いをはかるには違いないが、既に述べた、狭いところに群れて巣作りをする時に見せる彼らの個体距離のように明瞭な数字は出てこなかった。

ただ、つがいが巣を作ろうとしているか産卵にかかる時に雌がコオーという歌を歌うという事実は、その雌がつがいであることを誇示するものであることをここでも実証していると言うべきであろう。

2）集まって巣を作りたがる

つがいができあがっても集まりたがるだけではなく、巣作りに入ってもその傾向は続く。

観察を始めた頃、巣作りのための集合は時に応じてA、B、C、Dのどの田でも、巣のある所に引き寄せられるようにつがいが集まって来るのが見られたが、B田は観察途中から部分的に埋め立てが始まり、Dは草が伸びすぎ、比較的よく目で見渡せるのはA、Cだけとなった。

既に述べたように、この集まって巣作りをする光景は、牛田ではごく普通、繁殖期を通じて見られるものであるが、ここでは、C田とA田の二例をあげることにする。それらを選んだ理由は前者がごく狭い田、後者が比較的広い田で比較しやすいからである。

C田内北東の一区画で隣接する巣作りを取り上げてみよう。1974年5月初めの出来事である。5月2日には2組のつがいの姿が見えた。このつがい同士はとても折り合いがよく約50センチまで近寄ることがあった。それでも近寄りすぎて一方の雄が他方の雌に威嚇され自分のつがい雌の側に戻ることもあった。

この田は、既に書いているとおり東北側が少し高めの石垣になっており、人通りも多い。上から見下ろされる機会が多いが、極めて土地が軟弱なためもあるだろう、彼らは繁殖期には特にこの田に集まることが多かった。そんな状況ではあったが、彼らの羽根毛のカモフラージュ効果のせいか、彼らの行動を追うのは難しかった。私自身人目を気にして、行動が制約されるのでなかなか観察がしにくく、見落としもあることは述べておかなくてはならないだろう。

5月5日夕方4時45分、C田に耕運機が下ろされた。そこで荒起こしである。タマシギたちが巣作りをするのは、三面に区切ってある一番東北の区画（13メートル×28メートル）である。そこだけは休耕されるのであるが、荒起こしはされてしまう。既にその田にあったnCとnDと名づけていた（巣は作られた順にアルファベットを付けて呼んでいた）巣は壊れた。それでもnCのつがいは、雌が畦にある少々の草に隠れたが、雄は全く開けっぴろげになった地面の巣のあった辺りにいた。夕暮れ時には、このつがいともう2組のつがいの姿があった。合計三つがいで、これは牛田のこの田で見る普通の光景であった。

5月6日夕方の配置図をあげて簡単に経過をたどってみよう。

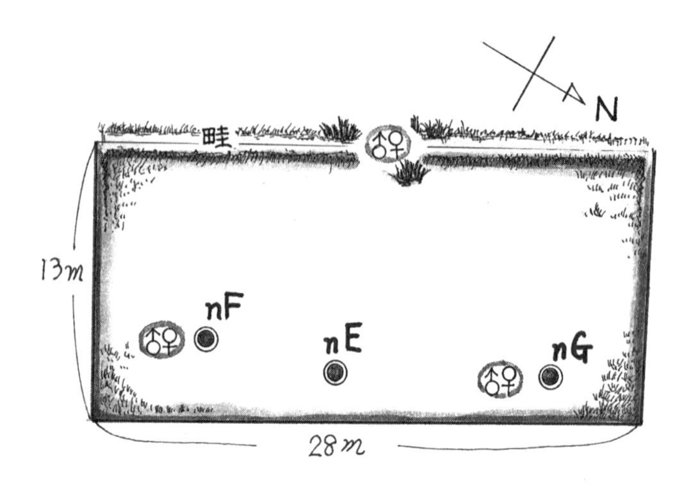

5—⑤ C田 1974.5.6 夕方の図

畦にいるのがnC
（間もなくnHとなる）

次の日の朝、全く身を隠す場所もない、荒起こしされたままの草のない地面で巣作りは始まっていた。6時20分には殆ど巣とは言えないようなところに1卵産み落とされていた。これをnEとしたが間もなく放棄されたようであった。nEのつがいと東隣のnFは相性が良かったのか、5月2日に見たくっつきたがるつがいだったようで、何もイザコザは起こらないが、nCつがいはnFつがいと激しい争いを起こしていた。それは、そのnCつがいが巣の場所を選ぶのに元nCのあった場所、つまり田の中央寄りを自分の場所として主張しているのに、nFがそこに出入りしだしたからである。

その日の夕暮れ時に見た時点で、元 nC つがいは新たに nG と呼ぶことにした。nF つがいは結局東隅に追い出されて陣取り、元 nE つがいは畦寄りの場所に落ち着いて、これは nH と呼ぶことにした。よく見る三角形の巣の配置ができあがっていた。お互いの巣は、15 メートルは離れていた。

C 田の東北の部分（13 × 28 メートル）にはこのようによく３つの巣が同時期に作られる。この広さだから巣間距離そのものは５～６メートルに縮まることが多い。彼らは、繁殖好適地であればとても接近して巣作りできるようになったのであろう。一種のコロニーである。

土地が極めて軟弱で繁殖好適地である上に、減反政策で比較的長い期間短い草が生えているところが限定されたという事情が重なり、そこにタマシギたちは自ずと集中する。これが彼らの軟弱な土地を好む感覚に影響し、巣間距離は圧縮されることがあると考えている。というのは、比較的に広い A 田では巣間距離は長くなることが多いからである。

この牛田で見る限り、タマシギの基本は群れでの集団生活であると言ってよいだろう。つがい関係の確立の時期でも守る地面は直径約 10 メートル。巣作りの場所の選択などで隣のつがいとせめぎ合うとしても、直径約 10 メートルである。しかし、大抵は領地が重なり合って隣の巣との距離はふつう５～６メートルとなることが多かった。彼らはその時々の必要に応じてごく限られた面積の地面を一時的に占有するだけのようであった。

食べ物と巣の場所は殆ど関係がなかった。この5～6メートルに立ち入らない限りすぐ近くまで行って餌を探しても、せめぎ合いは起こらない。彼らは何処でも餌を探した。時にはこのC田を飛びだしA田まで行って他の雄の座る巣の間近で採餌し、帰る個体もあった。

タマシギの縄張りに関して適当な言葉は、ここで述べてきた事実をふまえると、例えば、E. A. Armstrongが引用しているNobleの表現、'any defended area'（Armstrong, p.273)、（いずれにしろ守られている場所）と単純明快に規定するのが賢明な気がしている。

3）軟弱な地面か仲間か

C田に巣が並ぶ部分はその区画が特に軟弱であったことが第一の理由であったと考えている。そのすぐ西の部分は普通に我々が歩けるほど地面はしっかりしているという際立った地面の状態の違いを示していた。彼らが問題の場所に集中するのは、そこが特に軟弱で、安全性が高いという充分な理由があったからと見てよいだろう。しかし次のA田の例は少し様子が違っていた。

A田は、1972年私がタマシギを見だした時には、稲を植える場所はごく一部になっていた。その状態は1976年になっても変わっていなかった。東北側のとても軟弱な部分（50メートル×12メートル）、そして南東側の道路に沿って長い部分（73

メートル×25メートル）が休耕されたままで、時に農家が草を刈るだけであった。この南側の長い草原状の部分は水分たっぷりで我々が歩くとジワッと水がしみ出すが硬くしまっていた。

その1976年6月4日、An5と名づけたタマシギの巣には4卵産み込まれていた。6月15日には、その長い草地に新たに2組のつがいが姿を見せていた。そして、それらAn6、An7と名付けたつがいの雄たちは16日の夕方には巣に座っていた。その時のA田の光景を示すのが次の図である。

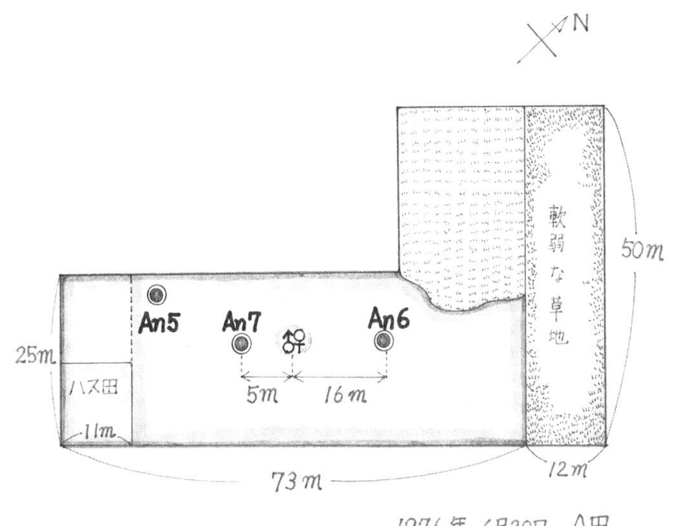

5−⑥　1976.6.20　A田　巣が並ぶ図

6月19日　An5は既に孵化（たぶん前日に孵ったとみられる）。
　An6、An7にそれぞれ4卵確認。

6月20日　An7の脇5メートルの所に新たな一組の雄と雌が

出現。このつがいと思える二羽は個体識別していないが、この新たなつがいの雌がAn7の雌であったことを必ずしも意味していず、巣同士の近づくことが必ずしも一妻多夫に直結していないことは、この前に取り上げたC田の例で既に語ったことである。

このA田の例では、三つがいが集結し、更にもう一つがいが集まってきたことは、選ぶ田の地面の状態の点で、先のC田とは全く違った意味を持つ。この集まった南東側の部分は地面が硬い。それに道路の脇である。そのため安全の面で非常に問題があると言わざるを得ない。この田の東北端の極めて軟弱な部分であれば、巣間距離はずいぶん長くとれる。しかし、そこは選んでいないことが興味深い。

つまり、彼らは仲間の気配の感じられるところを敢えて選んでいる。安全のために集まるというよりは仲間との一体感がより重要な決め手になるようである。「群れるものたち」と私があえてこの章のサブ・タイトルにあげた理由である。

Ⅳ 「縄張り」は動いていく

次に取り上げるのは、中山での観察例である。既に第4章で書いたお玉、お花と呼んだ二つがいの動きである。二つのつがいができあがった時点からその動きが巣作りまでどのように動いていったかに焦点を当ててみよう。

1984年2月21日から3月末までを振り返ってみる。この2

月21日、ハイド前には冬の間ずっと密集集団となっていた三羽の群れ（雌一、雄二羽）が餌場のすぐ脇の休息場所に何事もなく並び、餌場には揃って出てきた。既に第4章で取り上げ、図で示した三羽である。その同じ日の三羽には何の変化もなく、お互いに他を退けようとする様子はなかった。

しかし、3月5日には、その内の雄一羽（一郎）が休息場所から追い出された形になり、その約1メートル北に控えることが多くなった。3月16日には、顕著な変化が見られるようになり、一郎が他の二羽、お玉、二郎の後について餌場に出ると、二郎に追い払われるようになった。つまり、雄が縄張り争いをし始めるのである。

ここからは、彼ら三羽と新たに出現した一羽の雌（お花と呼んだ）が加わり、つがい同士の縄張り争いになった。そのつがい同士が描いた勢力範囲を概略図に示してみる。破線はそれぞれ2組の雄と雌がせめぎ合いながら行動した範囲のおおよその境界、△は餌を置いたところ、実線はおよそ畳一畳ほどの水たまりの一部を示し、その三角形にくぼんだ部分が休息場所である。三羽は餌を食べる時も並んでいたし、休息する時もずっとくっつき合ったまま、その狭い三角形の隙間におさまっていた。

次に掲げる6枚の図は、1974年3月17日から3月29日まで二つのつがいがどのように動いたかを示す。餌場を占有していたつがいはいざ巣作りとなると餌場から25メートルの場所に巣を作り、新しく参入したつがいは餌場から数メートルのところに巣を作った。餌場はその後も両者に共有された。

1984年

3/17

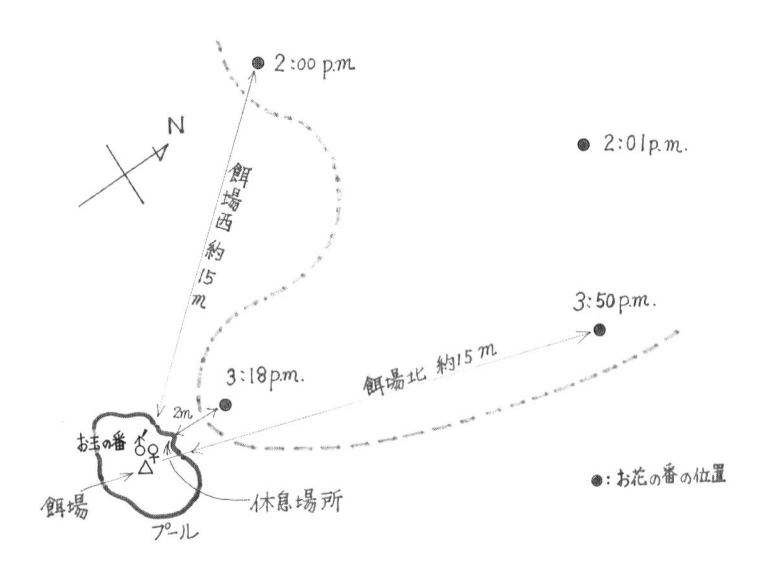

2:00p.m.	餌場西約15メートルに一羽の雌（お花と命名）が出現。お玉が出ていき、その雌はすぐ北に追われる。
3:10	一郎とお花が揃って餌場北7メートルに近づき、そこに居座る。
3:18	お花は、休息場所の北約2メートルに迫る。つまり、つがい同士が並んだのである。
3:50	お花と一郎は餌場北約15メートルにしゃがみ込む。

3/19

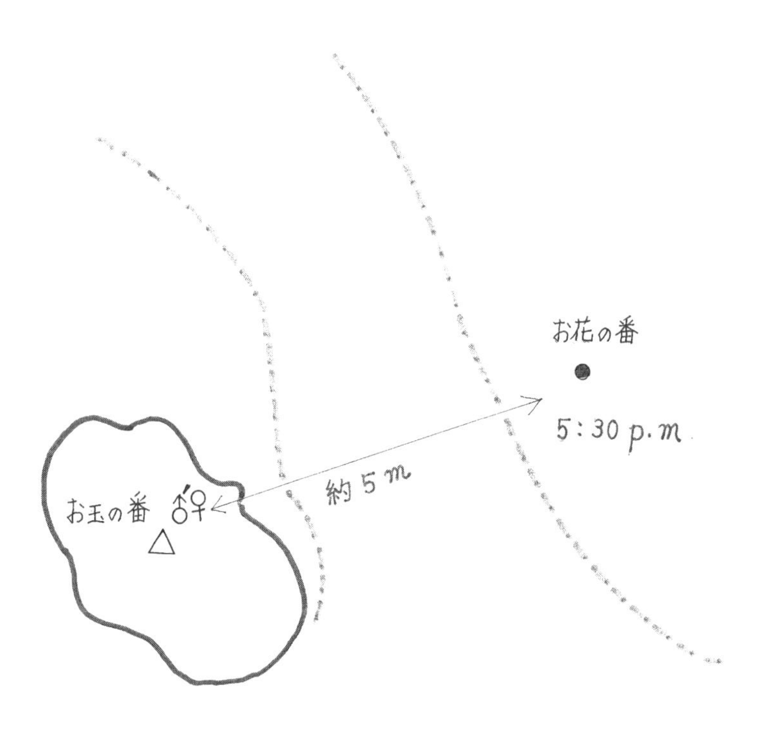

5:30p.m. 雌同士の激しい取っ組み合いが餌場周辺で起こった後、餌場の脇にお玉のつがい、その約５メートルの場所にお花のつがいが近寄りくつろいだ状態に入った。

3/20

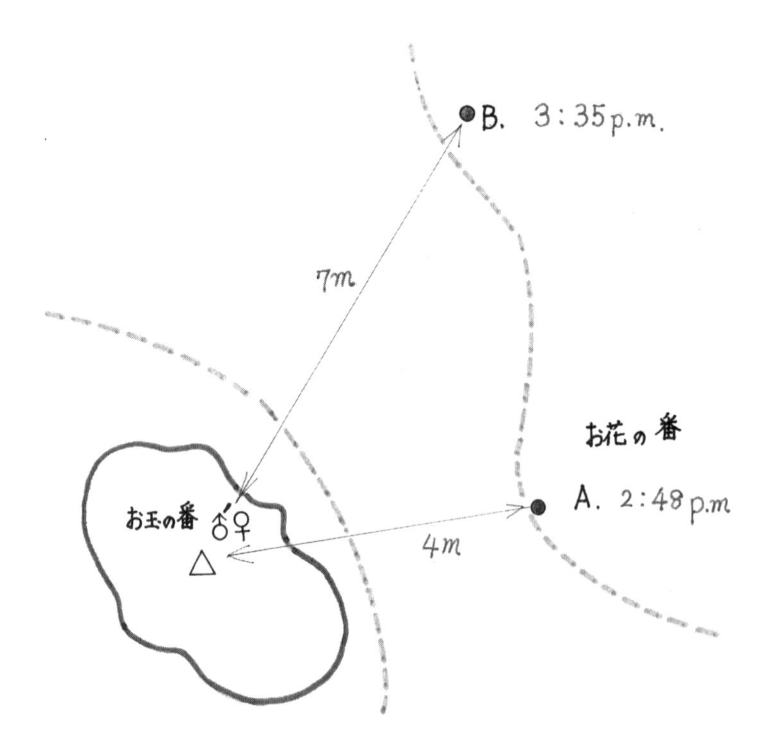

この日の午後、二組のつがいの間に激しい争いは見られなかった。ただ、お玉つがいが餌場を占有していることに変わりはなかった。お花つがいは、2:48 p.m. には A 地点、3:35 p.m. には B 地点で休息していた。

3/21

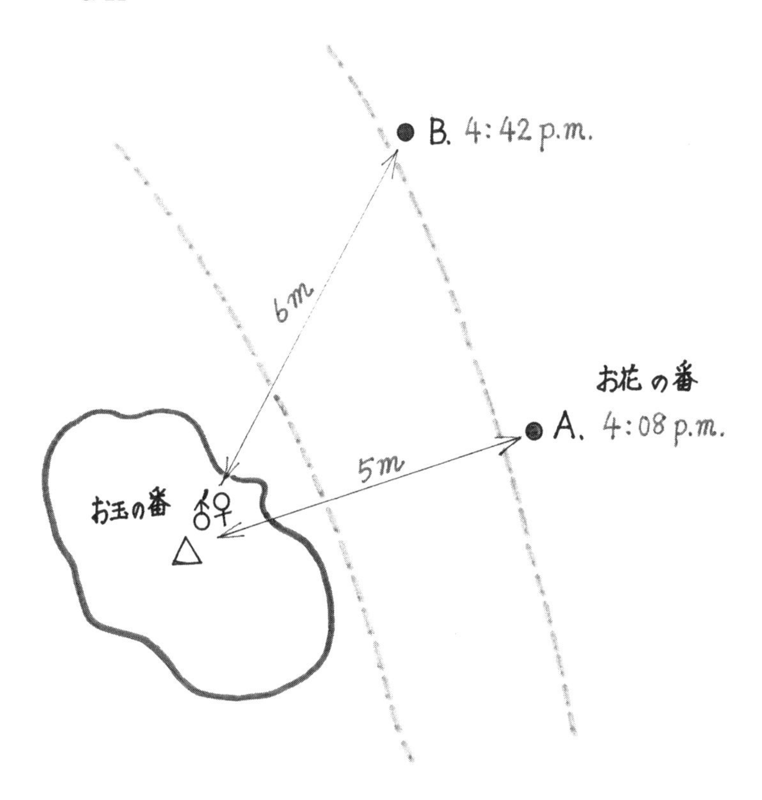

この日の夕方、お花つがいが東北に出、お玉つがいが西南方向に動く気配が強い。A は前者の 4:08 p.m. の位置、B は同じく前者の 4:42 p.m. の位置である。

3/22

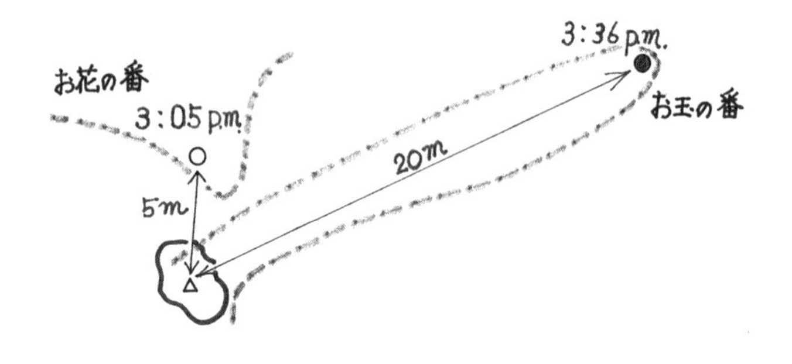

┌┐ ハイド

夕方、一郎が南西から餌場を狙うが、二郎に追っ払われる。しかし、3:05 p.m. にはお花つがいは餌場の 5 メートル南西に位置しゆったりと休んでいた。3:36 p.m. お玉つがいは北約 20 メートル地点に出ていき 4:03 p.m. には餌場に戻った。

この日、3 月 22 日、両つがいの動きは次に来るべき大きな展開を予感させた。

お花のつがいはこれまでの守備範囲を広げていない。一方、お玉のつがいは遠くに出たまま、餌場の所有権も強く主張していたので、その行動圏は細く伸びた形となった。この日の図は、つがい同士の縄張りが急に形を崩しだし、次の巣づくりという段階に向かおうとする状況を暗示していた。

3/29

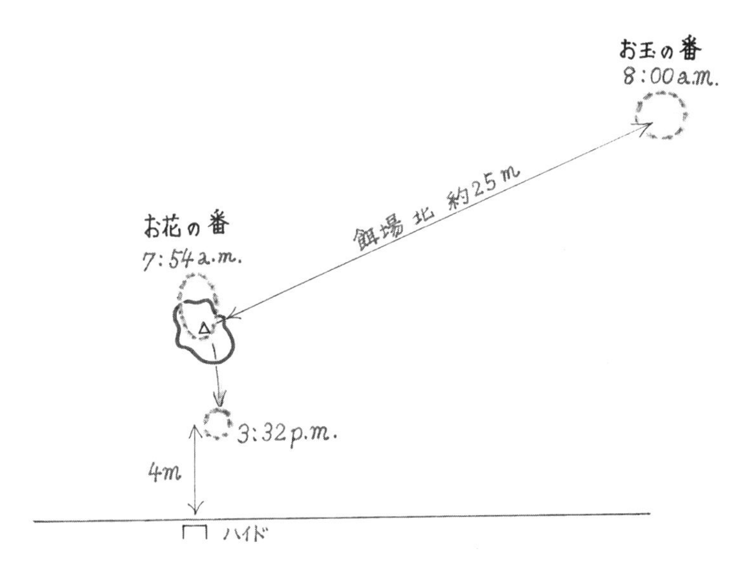

朝7:54、お花つがいが餌場に入って餌を食べている。全く何事も起こらない。何故かというと、お玉つがいは8:00には、餌場北約25メートルに出ており、そこで巣作り行動に入っていたからである。午後3:32にはお花つがいがハイド直前に移動してき、そこで巣作りをする気配を見せていた。この場合でも、巣作りはシンクロナイズしていたとみてよいであろう。

中山のつがいたちを振り返る

お花つがいはあちらこちらと方向を変えて餌場に迫ったが、お玉つがいはずっとその場所を守り通した。しかし、時が来てあっさりその餌場を明け渡した。お花つがいが見せた餌場侵入の試みは、お玉つがいの地位を狙っていた割合の方が大きかった可能性が考えられる。というのは、結果的には侵入は儀式のような行動であり、侵入後お花つがいはそこを通り越したところに巣を構えだし、餌場は両つがい共有になったからである。

元々餌場を占拠していたお玉つがいは、最終的にお花つがいの圧力に屈して場所を譲ったというよりは、巣作りの時期が来て、占有していた場所を離れたのである。これがタマシギの持つ生来の行動ではないか。牛田D田春先につがいが別の田に出ていく現象に通じるものである。

この縄張りを明け渡す行動は、牛田D田春先の集合場所で見たつがいの行動を参考にできる。その集合場所で守っていたのは、巣作りに向かう前の一時的縄張りであった。時期が来るとその場を離れるのである。中山のこのお玉つがいの行動は、それと同じ内容を持つものとしていいだろう。

勿論、お互いのつがいは、張り合いながらもすぐ近くにいて居心地良く休息状態にある姿がしきりに見えた。つまり、これは一緒に集まりたい習性の顕れであり、この生来のメカニズムがもう一つのメカニズム、縄張りを主張する行動の合間に現れるというタマシギの現実を示しているものと見るのが自然であろう。

ただ、お花つがいがしきりにお玉つがいに迫る行動は、それまで冬場に見ていた三羽の群れの中に見とどけられなかった序列に基づく行動が潜んでいる可能性もあった。しかし、お花つがいの行動から明確にその序列を思わせるものを見出すことは出来なかった。

つがいを作り、縄張りを主張し、やがてその縄張りを「放棄」していく。群れの集合場所としての役割をこの中山ハイド前の餌場は担っていたようである。牛田Ｄ田で見た群れの動きに類似している。

その時々で守る個体距離は小さいものであり、それ以外の土地は群れ共有というタマシギ社会の在り方をこの中山でも見ることが出来たと考えてよいだろう。

ここまでつがいの動きをたどってきた。タマシギたちは湿潤な草地に適応した群れを作る鳥であることを伝えることが出来たのではないかと思う。

ここで一度、観察してきたことを整理し、概観しておこう。先入観なしに冬の彼らを草むらに見つけたとしても、何も変わったところがないとしか思えないだろう。しかし、夕暮れ時の行動に偶々接したとすれば、彼らが群れとして行動し、密集する習慣に強く動かされていることに気づいて感動するのである。

更に、その後の暗闇の中で、雌が特定の場所、牛田では私の作ったプールの餌場を独占する様子が見えてきた。この事実は、このような実験をしなければはっきりと見えてこないことである。強い力を持ちながらも、この独占雌は、そのプールのすぐ背後に控える数羽の仲間としばしば「交流」する必要を感じ、実際時々その群れに合流するのである。

このような独占し仲間を排除しながら、群れに加わり続ける傾向は、その後の繁殖期にも消えることなく続くのである。

この独占は、春先の集合場所での雌の在り方、群れの中心を雌が縄張りとして主張しだす光景につながっていく。

しかし、ここでタマシギの抱く一種の「矛盾」が頭をもたげる。この雌の縄張りを一羽の雄が自分のものとして守りだす。雌と共にその縄張りを守る態勢が非常にはっきりと目に見えるようになる。その雄は、その縄張りの主人として非常に攻撃的になり、そのつがいの縄張りの外にいる個体を激しく攻撃し、一方雌の方は行動が目に見えて控えめになる。

二羽でずっと行動し、同じ領地を守り、その関係は交尾まで進み、つがいとしての形が固まったところで彼らはその縄張りを離れてその田を出ていく。

二羽が出ていっても、その集合場所の中心部には、それまでそこを狙って待ち構えている様子をありありと示していた雄が入り込み、間もなく雌も加わって番となり、この二羽も田を出ていく。つまり、そのハイド前の集合場所の中心は、つがい形成のための舞台として機能していたと見られるのである。

更に出ていったつがい同士が集まるのは、この直前に述べた中山の例でも明らかである。彼らは、つがいを形成しつつも集まりたがる。それが、既に述べたコロニー状の巣作りの光景を作りだす。そこでは、もはや縄張りとは呼べないような広さの地面で隣り合わせの巣に雄たちは座るのである。

ここで、ラックが引用しているエリオット・ハワードが説いた考え方、「縄張り行動が雄たちを適度の間隔を置いて田園地帯に分散させる。」（『ロビンの生活』p.193）という解釈は、基本的に否定できないとしても、タマシギのような群れ生活をするものでは、うまく当てはまらない。つがいができてすぐ、それまで協力して守っていた地面はあっさりと捨てて出ていき、その出ていったところでまたつがい同士が集まろうとする。

勿論、春先の集合場所があり、一時でも縄張りを持ち、そこでつがいが形成されるという点で、ある特定の地面を選び縄張り行動をすることが繁殖の出発点として重要な機能を果たしているということは強調しておくべきである。

但し、ハワードの「縄張りは一度形成された番関係を維持するのに役立つ二次的機能を持っている。」（『ロビンの生活』p.194）というところで違った立場を私はとらざるを得なくなる。タマシギの場合、直前にも語ったように、その縄張りはまことに流動的であり、一ヶ所に留まらない。そして多くの場合、特に牛田では、巣作りは密集して行い、巣の周りのごくごく狭い地面を守るだけになる。

タマシギという群れで生きるものたちは、偶々雌が目立ちリーダーシップをとることから来る「矛盾」と私が呼ぶ状況を乗り越えるために雄と雌は様々にすり合わせを行い、ディスプレイを雄と雌それぞれの方向に進化させてきたようである。

そんな彼らの縄張りは、つがい関係が進むにつれ狭まっていく。巣がつくられ縄張りが最小まで小さくなったところで、雄と雌が離れて過ごす傾向を強めだす。つまり、つがいの維持を避けるかのような傾向を示す。これは雌において顕著な行動である。次章の巣作りに関する事例で詳しく語ることにしよう。

第6章　命をつなぐタマシギたち

―巣作り・抱卵・育雛―

6―①　巣の雄がなけなしの草を引き下ろす

タマシギたちは、牛田でも、中山でも、農作業の間を縫うようにして長い年月の間繁殖活動をしてきたようである。

田の２回の荒起こしの間と、その２回目の荒起こしから田植えまでの間は農作業がないのが普通である。その合間にタマシギたちの繁殖活動がはまり込み、雛が孵るところまでいければ問題はないが、そのサイクルは何時もうまい具合にかみ合うわけではない。街の中のタマシギたちの活動は、それ故、とても変化に富んでいて、どれが普通の形か判断しがたいところがある。

そこで、この章では、敢えて中山の一組の雄と雌を取り上げた。全く農作業の影響を受けなかったつがいの例である。ハイドの前でそのつがいが展開した巣作り、抱卵、育雛の実態に焦点を絞り、そこに過去に私が観察した参考になりそうな事柄を加えることにした。既に触れたように、1978年から観察の中心を中山に移し、1981年に至って田に面したところにハイドを張らせてもらった。1983年には、ハイドも風景の一部になっていたと考えていいだろう。毎年ハイド直前の殆ど同じところに巣が作られ、雛が孵った。

そのハイドの目の前には1982年秋から1983年の繁殖期まで数羽のタマシギたちがいて、実際に連続して観察することが出来た。その中心にいたのがお福と正成と呼んでいた雌と雄二羽のタマシギである。この特定の二羽に特に注目して話を進めることにした。

I　雄と雌が巣作りをする

観察地、中山のハイドの前の田んぼには、1982年の秋10月から三羽のタマシギがいた。田んぼの東を限るように約4メートルの高さの石垣があり、ハイドはその一部にはまり込むように張ってあった。石垣の一部に下に下りる石段が2メートル半ほどあって、そこを下りていくと、ほんの1メートル四方の隙間ができていた。既に述べたように、そこは医者の家の一部だったが、全く使われない空間になっていた。隣家との狭い隙間を蟹の横這いのように下りていくとその空間にたどり着く。お医者にお願いすると有難いことにその空間にハイドを張らせてもらえ、お医者には全く迷惑をかけずいつでもそのハイドに出入りすることが出来た。

田の面から1メートル半ほどの高さにある石垣の隙間から得られる視界は高すぎず低すぎもせず申し分なかった。タマシギたちにとってハイドは石垣の一部になっており、当然ながらそのハイドから人が田んぼに下りることは出来ず、彼らに不安を感じさせるものではなくなっていたようである。それで偶に彼らの邪魔をするものは、田の持ち主以外は、ほぼいないと言ってもよかった。

年を越し1983年の1月にはさらにもう一羽の雄が現れ、目の前の田には四羽のタマシギたちが見られることになった。これで冬の群れといってもよいようなほぼいつも一緒に行動する集団が出来た。2月14日のことである。群れは後にさらに若い雌が加わり合計五羽となった。ハイドの前で一緒に行動する彼らにはよく馴染んでいたので、私は彼らにそれぞれ次のような名前をつけて呼んでいた。

雌………お福
雄………正成（まさなり）
若雌……お藤
新雄……藤吉
新若雌…お六

次に中山観察地の概略が見えるようにしておきたい。すぐ脇をJR芸備線が走っていて、田んぼはその西と東にある。西は東の3倍くらいの面積がありそこにも多少のタマシギの姿があったが、観察しにくかった。それで、ハイドを張らせてもらった東側の数枚の田んぼが私の主な活動の場となった。芸備線の走る土手は田の表面から4メートルくらいの高さがあり、お医者のある地面も同じ高さ、ずっと北の端にはコンクリート張りの小さな水路がある。更に田んぼの西側には背の高い草がびっしりと生え、タマシギたちでさえ利用しない荒れ地があった。田んぼの北端に小さな駐車場があって、道路からたらたらと下りていくと、そこは街中にあるとはいえ、世間から殆ど意識されない空間になるのであった。

ここの農作業とタマシギたちの関係である。ハイドすぐ前にあるハス田はほぼ北半分しかハス田として使われず、休耕状態であった。年取ったその田の持ち主はあまり熱心に働けなくなっていた。そのゆっくりした動作をハイドのすぐ下の枯れたハスの茎に身を隠したタマシギたちはじっと自分たちの時間が来るのを待っている様子であった。その老人とはよく話をして仲良くなっていた。1983年の3月も終わりに近づきハス堀が始まりそうであったが､4月3日にお願いして少しハス堀を待ってもらった。これにより、お福・正成つがいの繁殖は無事成功することになった。

1）繁殖活動の気配が現れる

1983年の春、ハイド前では、ずっと四羽の姿は見え、密集したり、バラバラになったりして採餌活動を続けていたが、3月19日、夕方になって、群れはこの中山でも、夕暮れ時の儀式、跳ねたり翼をあげたりのダンスをしていながら微妙な変化を見せ始めた。お福がもう一羽の雌を追っ払い、正成も新入り雄を追っ払ったのである（6:08 p.m.）。

それから30分後、私がハイドから出て、田んぼの北端にある駐車場に立っていると、目の前約10メートルまでお福と正成は二羽そろってやって来た。そしてお福は胸を張り私をにらみつけてから飛んで田の南の部分に移った。

ここで目につくことは、この二羽が、他の個体を追い払うことはあっても、つがい形成のための目立った行動を見せなかったことである。よく使われる「コートシップ・ディスプレイ」は見ることが出来なかった。これは、これまで書いてきたように牛田でも見とどけられなかった。タマシギ雌の翼上げの仕草は、まことに広い意味でコートシップに少しでも関わっているとしても、雄を求めるものではないと言ってもよいだろう。ここにあげた目撃例はつがいとして二羽が一緒に行動する以前に雌が翼を上げる動作をすることはないとする私の判断を裏付ける新たな事実となった。翼を上に上げて一瞬静止する動作は殆どがつがいになっていることを付近の個体に誇示するものであるということが出来るであろう。

上に書いたように、二羽で一緒に行動する様子は、この後巣作りが完全に終わるまで見られた。巣作りが一段落すると休憩をとるかのように二羽で採餌のため歩き回るのである。その間に、邪魔になる人間には威嚇姿勢を取る。第4章初めに掲げた絵は、その時の様子を示している。

> 雄雌が一緒に出歩くのは、このように番ができてから巣作りが終わるまでの短い間に見られる行動である。これを私は、ハネムーン・ウォークと呼んでいた。朝でも、日中でも開けた空間に出てゆったりと歩き回る。時に二羽で空高く飛行する場合もあった。
>
> 毎日、特に朝方は二羽で熱心に巣の周りで巣材集めをし、しばらくするとどちらからでもなくその作業を止めて歩き出す。田の開けた空間をゆったり歩き回って巣に帰るとまた巣材引きに入る。これが巣作り期の二羽の行動である。

3月24日早朝から、お福と正成はハイドよりずっと東の駐車場の側に行っていた。8時15分、ハイド前に戻った二羽は私の目の前で交尾。

交尾前の行動はつがいによって少しずつ違う。この場合、お福が小走りになることから始まった。後に続いた正成がお福の上に乗り約4秒で交尾行動は終わった。正成はポトリと脇に落ちるのはいつも通りで、それに続いた儀式が6秒ほどあった。この一連の行動は、その他のつがいの場合と変わるところはなかった。

夕方、二羽はハイドのすぐ下に来て過ごしていた。次の日も更に次の日も二羽はハイドのすぐ下で過ごすことが多くなった。

2) 巣作り始まる

1983年3月27日、ハイド直前約5メートルのところで巣作りが始まった。このつがいの場合雌のお福のリードが目立った。ハイドの目の前すぐのところにいた正成に向かって促すようにグエーと鳴きながら前方の田から戻ってきた。そして二羽で東G田（184ページの図参照）西隅に歩いて行った。お福はよく小さな声、クエー、或いはグエーと聞こえる鳴き声をあげた。正成に何か訴えたい時のタマシギのつぶやきと解釈しているものである。

戻ってきたお福は正成に尻上げを30秒もし（4：57p.m.）、2分後にまたも尻上げ。そして、10分後お福は小さなタガラシをまたぐと、次にそこに入れ代った正成が立ち、少しばかり自分の周りの草を嘴で引きよせたりした。

お福がタガラシをまたいだところは巣の第一候補地で、お福が示した後正成が問題なく従ったことを示している。お福とは違う場所で草に尻を上げてこすり付けることもなかった。つまり候補地を正成が示すことはなかった。付け加えると、とても番間の関係がうまくいっている場合は、雄が候補地を示さず雌の示すのに従う光景に時々出会っていた。

本当の巣は、実はそこから東北約2メートルにあった。タガラシの根ぎわだ。お福はその第2候補地の脇にすぐ行った。正成は間もなくそこに入り入口の方から巣材を引きこもうとしていた。巣はハイドからは約5メートルのところで、いつもながら入口もハイドの方を向いていた。

この場合候補地は2つだけだ。普通は雄が示したりして3つ或いは4つになることもあるが、今回はとてもスムーズな候補地選びであった。

巣の場所が決まると、雌が中に入り雄がすぐ脇に控える、雌が出ると雄が入る。この繰り返しになる。何度かこの交代を繰り返してから二羽は巣の外で巣材集めをし、一段落すると二羽で遠くに歩いて出ていく。これがハネムーン・ウオークと呼ぶ少し目立つ行動になる。

巣材集めは、二羽でするのであるが、雌は雄ほどに熱心に行うようには見えない。巣材集めを二羽一緒にするのは、巣を決めた初めの頃だけで、間もなく雄が時間さえあれば一日中作業をする。雌は巣の中に入っても、ただ立っていることが多く、周りの草を引きよせたりするが、そして巣の外に出ながら巣材集めをするなどの行動を見せるが、巣に入ることが雄に対するデモンストレーションである印象が強い。

雌が巣に入っていて雄が側に控えていることが重要らしく、雄が巣の側から離れ遠くに行った場合、雌は巣の中でクエー、クエーと雄を呼ぶ姿をよく見ることがそれを示していると言ってよいのではないか。

お福、正成の巣は比較的しっかりと硬い地面にあり、その入口前方に接してごく小さな水たまりがあった。巣は草むらを背にして前方が開け、視界が得られるようになっていた。入口はこの場合南向きであった。

> 巣材は巣の側にあるものだけを使う。主に水中にある水草の茎、巣が田んぼにあれば稲の茎など、時には捨てられていたタケノコの皮の場合もあった。産座に何か別のものを敷くことはない。どの巣も直径はおよそ15センチ、厚みは約3センチである。入口から前の水たまりに向けスロープが自然にでき、巣材は主にそのスロープの延長線上から集められた。
>
> 集め方は、水中から嘴で草の茎を拾い上げ後ろに勢いよく投げる、左右どちらでもよく、投げているうちに巣材が巣の前に自然に集まる仕組みである。時には夢中になって巣とは反対の方に投げてしまうこともあった。

正成は巣に帰ってくると、直前でトコトコというかチョコチョコというか雛たちに似た歩き方になった。入口のスロープの前で立ち止まってしばらく胸から腹の羽毛の手入れをする。それからゆっくりとスロープを上がり巣に座り込む。この巣に上がる前のトコトコ歩きは全ての雄に共通していた。正成を含めどの雄も、抱卵中に巣から出て戻って来た時、必ずこの歩き方になり、胸の羽毛の繕いも欠かさないところも共通していた。

3月31日朝から二羽は巣に出入りしていたが、正成は巣から南西に出て行った（7:37a.m.）。お福は巣の前の水たまりで一心に巣材集めをする。しかし、約10分してお福はグワッと鳴いて走るように正成の側まで行った。雌は独りで巣作りにかかっていると不安になるらしいのである。

脇に来たお福の前で、正成は地面をチョンチョンと２回軽くつついた。それに応じてお福も２回同じように地面をつつき、ゆっくりと正成に尻を向けて上げると歩きだし、巣に戻った。この時の尻上げは、巣の候補地を示すとき同様、巣作りに向かう意志を示すサインになっていると思われた。正成はお福の後ろについて巣に戻ってきた。

このつがいはお互いの欲求をとてもうまく生かし合っていたようだ。巣の候補地は２か所であったこと、「ごく軽く地面をチョンチョンと２回つつく」ことをお互いにやって見せること、そしてすぐに揃って巣作りに向かうなど巣作りに戻ろうとする欲求を相手に伝えあっているらしかった。動作によるコミュニケーションがうまく働いている光景と言ってよいだろう。タマシギの表現能力の幅、可能性を示しているように見えた。

この地面つつきという行動は、前章において扱うべき話題であるが、このつがいがあまりに明瞭な形で展開してくれたもので、ぜひとも、少し説明を加えておくことにする。この地面つつきは、巣作り時に特に見られ、多くの場合単独で行うのを見る。巣材を引くまではいかずとも、巣作りの欲求が強まったと思われ、セカセカとした身体の動きに伴って巣のすぐ近くで見せる動作である。

ここで取り上げているつがいは、この地面をつつくというサインを出す方もそれを見て受け止める方も実に息が合っていたと言うべきで、巣作りに向かおうとする二羽の「会話」になっていたと言ってもよいであろう。

それ故、E. A. Armstrong が引用している次のような記述にはかなり違和感を抱くのである。

"When young painted snipe are disturbed they stand with ruffled feathers and bill-tip touching the ground, as do the adults in courtship" (Beven 1913). (Armstrong, p.171)

（タマシギの若鳥が驚くと、羽根毛を逆立て、地面を軽くつつくのは、成鳥がコートシップ時にする動作と同じである。）

これは、セイロン島のタマシギの亜種（*Rostratula capensis*）観察によるものであり、私の観察地のタマシギとは違った生態を持っていたものかもしれない。

しかし、この記述の中にある「成鳥がコートシップ時にする」という前提そのものに私は疑問を持つ。とても広い意味ではコートシップということが出来るかもしれないが、それではあまりに曖昧である。私のこの地での経験では、説明したように、巣作りに向おうとするエモーションが二羽にはっきりと現れ、それをお互いに確かめ合って、二羽のいわゆる「会話」の動作になっていたと見たのである。

お福と正成の巣作りの現場に戻ると、

一緒に餌探しに出ていたが、お福と正成は巣に戻ってきた（1983.4.2, 7:05a.m.）。そしてお福が巣に入り正成がすぐ外で待った。お福は巣から出てすぐまた巣の中に戻ることを繰り返し、中に入ると脇に生えたタガラシの葉を引き下ろそうとする動作が目立った。

約20分後、お福が巣から出ると正成が入れ代りに巣に入った。産座に気を配った。胸を押し付け、ごそごそと巣の中で位置を変え、向きを変えて座り心地を試すような行動であった。正成が出ると二羽一緒に巣の側で巣材引きをしたが、お福は間もなくハイド下の石垣沿いに出て行ってしまった。その後、正成は巣に入ったり出たりした。巣に入ると胸を押し付け産座の修理をした。多くの場合胸を押し付けると両足を後ろにいっぱいに伸ばして突っ張りぐいぐいと力を入れて産座の巣材を外側に向け移動し整えるのである。更に首を上に伸ばして草の引き下ろし、巣に座ったままグイーと首を外に伸ばして巣材を引き寄せたりしていた。

8時35分、お福はまた巣に入った。巣から遠くに出たままの正成に向かってお福は小さくクエー、クエーと鳴いた。巣に入っていた約10分間に3度も鳴いていた。正成がそばにいないとお福が巣の中で鳴くことについては既に述べた。

この日の夕方には正成は巣に座り続けていた。雌のお福は巣から10数メートル離れて採餌行動をしているのが見えた。

この日（2日に）は既に3卵目を産んでいたと推測している。ハイドから見届けられなかったが、牛田でもこの中山でも普通毎日1卵ずつ産み落とす。中には1日に2卵産んでいる個体もあったが、これは稀なことであった。翌日4月3日夕方には、巣に出向いて4卵あるのを見届けた。殆どの場合４卵揃ったところで産卵は終わる。

というのは、その日の朝限りで雌は巣に近づくことはなかったからである。

お福の場合、４月２日には巣から10数メートル離れて行動する姿が目立った。普通２卵を産んだところで、雌は20メートルくらい離れて控えている様子をよく目にした。巣に近づかないとはいえタマシギの雌は産卵後も自分のつがいの雄、少なくとも自分の産卵した巣にはずっと関心を持ち待機している様子を見ることが多かった。巣から離れて待機することは、雌が身につけてきた繁殖成功のための適応行動のように見受けられた。

巣作りは、雌のお福が巣に近づかなくなり雄の正成が巣に座り続けるようになったところまでで完了とすると、３月27日から４月２日までの７日間ということになる。

II　卵を抱くのは雄の正成

話をお福・正成のつがいに戻すと、正成は1983年４月３日から巣に座って卵を温め始めた。卵が孵化する21日まで彼は独りで巣を守った。お福が巣に近づくことも一切なかった。これは、牛田とこの中山を通じ全く例外はない。正成の巣には卵が４卵揃った。この数も私が２つの観察地で経験したほぼ全てのつがいで同じであった。

時々、農作業の邪魔になったので取ってきたといって卵を渡されることがある。ともかく受け取って、寸法は測ってお いた。参考までにここにあげておこう。1981年4月21日、線路西の田のもので、4卵揃っており、1卵だけ少しサイズが小さいという典型的なものであった。

A，3.60cm. × 2.53cm.
B，3.52cm. × 2.56cm.
C，3.44cm. × 2.54cm.
D，3.17cm. × 2.44cm.

正成は巣に座り続けた。座る向きは時々変わるが、南西向き（巣の入口に向いて）に座る時間が多い。これだと、日差しがまともに巣に入り込み、彼は暑いに違いないが、巣の直前にあるごく小さい水たまりを中心に視界が広がっていて、彼にとってはそれが安心できる向きであったようである。それに、私のハイドの方を向いて座っているのだから、観察にはまことに都合がよかった。

観察中一度だけカラスが巣の側に舞い降りたことがあった。正成は巣を出て約1.5メートル南東に進んだ。緊迫した様子である。すると間もなくジャブジャブと大きな音をたてカラスが近づいてきた。彼らは5分間にらみ合いとなった。カラスは、いたずらに立ち枯れのハスの茎を突ついたりしただけで飛び去り、正成は巣に戻った。

それは例外的なことで、正成は巣の中でうとうとすることが多かった。その間、変化というと、鼻の穴の中の様子だけである。鼻の穴に水分が満ちてきて詰まったようになったり、またぽかんと穴が開いたりする。何事もなく時間は過ぎていった。

その頃の中山ハイド前の様子を図に示しておこう。図の中にある新巣というのは、お福の新しい巣である。雌が新たな雄とつがうのを確実に目にしたのは２つの観察地を通じて唯一のものであった。

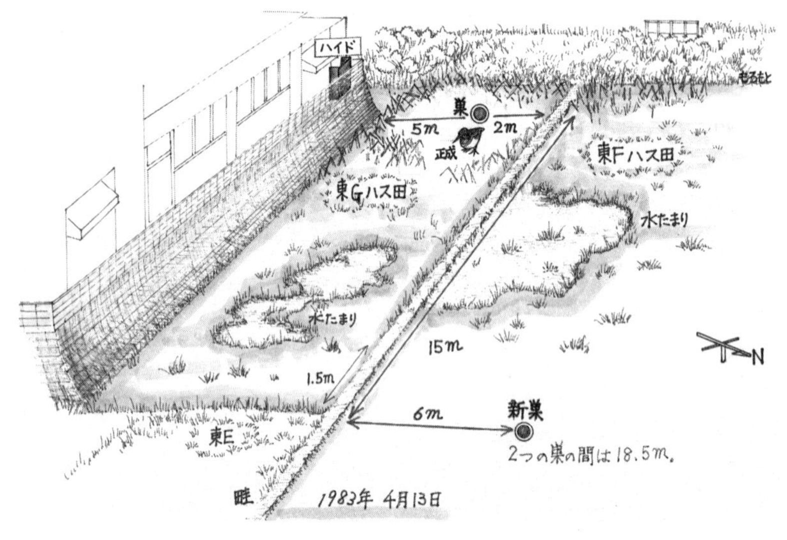

6―②　中山ハイド前の田んぼ
（1983 年 4 月 13 日）

総じて、この中山のタマシギたちは、牛田のように側に人が通る道もなく人間の目にさらされることは殆どない。私の観察した範囲のことであるが、外敵の脅威にさらされることも少なく過ごしていた。　それは、巣の出入りに影響しているようであった。巣に帰って来た時、入口で立ち止まり、特に腹のあたりを念入りに嘴で整えるのは、牛田、中山共通であったが、巣から出て歩いていくとき、この中山では何の迷いもなく真っ直ぐに進み、帰りもその真っ直ぐの道をたどる。牛田では、多くの場合草の株があるとそこで曲がり、ジグザグに歩いて出ていったのである。

次に、正成が巣を出ている時間、卵を抱く時間を見てみよう。ごく初期の4月6日は、次のような経過であった。

正成の離巣時間

1:18p.m. →	1:47 →	1:59 →	2:31 →	2:45
巣に入る	巣を出る	入る	出る	入る

4月19日まではおおよそこのペースで正成は過ごした。

> 2、3分の増減はあるが、正成が巣を離れる時間は約10分。そして巣で卵を抱く時間は約30分。これは、牛田で観察した雄たちの場合とほぼ同じであった。

しかし、卵が孵化する前日、4月20日にはこのペースのピッチが速くなる。離巣時間は5分であったり、7分になったり、正成は気分が高揚しているのかセカセカと落ち着きがなくなっていた。そして、巣作り動作が甦るのである。巣材を盛んに巣の中に引き入れ、巣を出るとすぐ外で15秒ばかり巣材引きをする。歩きながらも、もはや必要ないと思われる初期の巣作り動作を見せるのであった。

4月21日、朝7時14分。ハイドに入ってスリットからそっと正成の巣を覗いてみた。雛は孵り、既に巣の外に出ている。正成は巣から約1メートル西に立っていた。雛を抱いているのだ。巣を出た直後は殆ど移動しないから。巣を後にしてまだ30分ほどしかたっていないと思われた。

1983年
正成の抱卵日数　　18日　　　4月3日～4月20日
牛田の場合、殆どの雄は17日で卵を孵化させていたから、中山では1日多いことになる。

1）抱卵を覗き見する若雌がいた

ここで少し寄り道をして、正成が巣に座っている時に起こった出来事を取り上げておこう。正成の抱卵が始まった日から、この覗き見は始まった。お六と呼んでいたその個体は、胸の赤い色が剥げてブチのようになり翼の表面も色が淡く、何とも中途半端な様子をしていて、若い雌と考えていた。この若雌が巣に座る正成を覗くのである。

普通、どの雌であろうと、自分のつがい雌であっても、巣の近くに来るものはすぐさま追い立てられるのであるが、この個体は追い立てられることはなかった。巣のごく近くを行ったり来たりする。ただし、歩き方は抜き足差し足で、非常に緊張していた。ちょっとした音にも翼をぱっとわずかに開き腰を下げて警戒の体勢に入る。それが終わると首をそろりそろりともたげて、草の陰から正成の様子に注目する。しばらく覗いてゆっくりと移動し、また戻ってくる。これを繰り返していた。

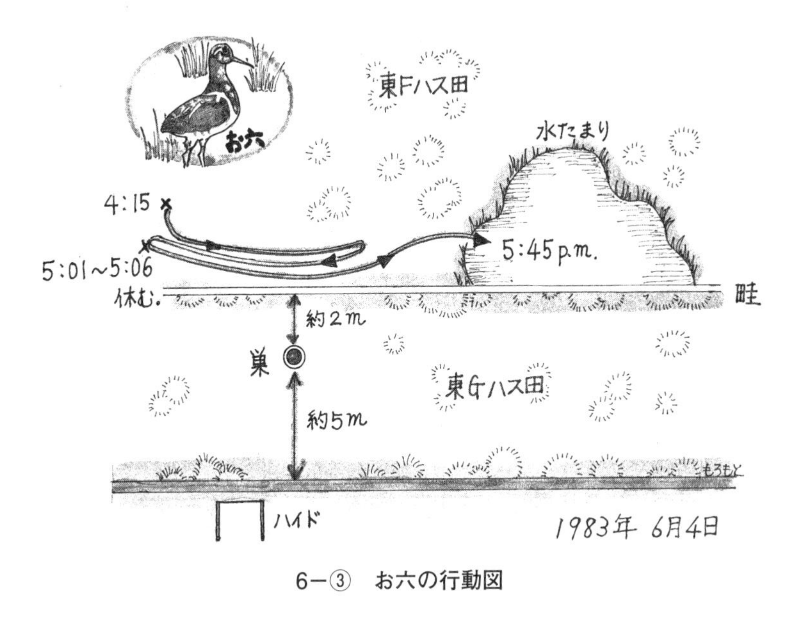

6―③　お六の行動図

それに、この1984年4月6日も次の日もこのお六は巣から10数メートル離れたところでコオーコオーとよく鳴いた。

この若雌は、どの雄、雌とも違う扱いを受けていた。多少の無理な接近も許されていたと考えられる。この個体が鳴くことも、通常の雌の鳴き方とは違ったものと考えた方が自然なように思う。

見習い時期の雌という立場にあったのかもしれないが、鳴いているその様子はつがいとなっている雌の鳴き方でもなく、卵を抱いていた正成の姿に触発され、実際に繁殖活動に入っていないが、ただ鳴くという行為を引き出される結果となったようである。この個体がその後つがいになった形跡は全くなかった。

2) お福が新たなつがい相手を見つけた

正成が巣に座りだしたのが4月3日。4月9日には、お福が新たな雄と一緒に歩く姿が目撃されるようになった。その日の午後5時14分その新たな雄はお福に尻上げの姿勢をしていた。彼らは繁殖の兆候を示しているのである。丁度巣を出ていた正成は、この新たなつがいに出会った。巣から10メートルばかりの所で正成は攻撃しだした。一方的に自分の正当性を主張していて、新たなつがいは反撃することなく争いは終わり、正成は巣に帰ってきた。

4月11日、午前8時59分。正成は東F田（正成の巣の西隣の田）に出ていた。そこでお福に追われ、東G田（正成の巣のある田）との境の畦に戻ったところ、お福のつがい相手の雄が現れ、正成と突っかかり合うことになった。二羽とも翼を横にひろげ対峙するが、数秒で終わり、引き分けた。

4月12日、朝7時16分。お福が巣材引きをしている。正成の巣から約20メートル北のタガラシの茂みである。側に新雄がいるのが見えた。

4月13日、朝7時10分。新たなお福の巣には既に2卵が産み込まれていた。巣そのものは約10センチも高くわら屑を積み上げてあった。雨が降ってもいず、巣のある場所は比較的乾いているので、雨に備えたものではないと思われたし、不思議であった。17日には4卵あるのを見届けた。

お福という雌は、二羽の雄とつがいとなった。これはハイドから連日見続けて確実に掴んだ事実であった。これまで、どんなに接近して巣が出来ても、それらは、別の雌の番のものであり、雌が二羽の雄とつがう証拠を見つけることが出来なかった。

お福は、正成が卵を抱きだしてから、6日目には新たな雄と繁殖行動に入っており、10日後には新たな巣に2卵を産み落した。

更に、新たな巣は、正成の巣から丁度20メートル北に離れているというのも一つの事実である。

実は、長年二つの観察地でタマシギを見てきたが、雌が二羽の雄とつがう確実な例はこれだけである。

III　雛を育てるのは雄の正成

孵化した直後の正成と雛たちの話に戻ろう。雛を育てる仕事も、正成が行い、雌のお福が介入することは一切なかった。雄が雛を育てる過程は牛田、中山を通じて何十例となく見てきたが、例外はなかった。

正成が雛を育てるのに要した日数は、30日（1983年4月21日～5月20日）であった。既に書いたように、4月21日朝7時14分、私がハイドに入った時には巣のすぐ外に正成と雛四羽はいた。これは、雛を連れて巣を出たばかりと見てよいであろう。その時、雛連れの正成がどのように行動したか時間をたどってみよう。

1）雛は早朝に巣を出た

7:38 ― 7:38 ～ 7:48 ― 7:50 ～ 7:58 ― 8:02 ～ 8:14 ―

30秒歩く　10分抱く　2分歩く　8分抱く　4分歩く　12分抱く　6分歩く

8:20 ～ 8:29 ― 8:35 ～ 8:49

9分抱く　6分歩く　14分抱く

最初は30秒歩いて10分抱くという世話の仕方から始まった。後は2分歩いて8分抱くに進み8時を過ぎると6分歩いて9分抱くという具合に少しずつ歩く時間が増えていった。しかし、1時間10分ばかりの間に歩いた距離は約4mである。

雛たちは、最初歩こうとしても進めない。草の葉に行く手を阻まれ、草の茎に引っかかり、よく転ぶ。ただ、8時を過ぎたあたりで歩く力はかなりついた。まだ翼とは言えない両手を横にひろげバランスを取りながら歩くコツを覚えはじめた。

雛たちを抱こうとする正成は、彼らに胸をつきだし、胸の羽毛の中に入るよう促している。雛たちはそこに頭から突っ込んでいく。雛は四羽だから、黒い足が8本正成の胸からぶら下がることになる。最初の日はさすがにそっと下ろされるが、何日かたつと、正成はバサッと翼を半ば開いて胸をぐっとひろげ体を揺する。すると雛たちはポトポトと地面に落ちてくるのが見ものであった。

その後4月26日には残念ながら雛の一羽がいなくなったが、

他は順調に育った。4月30日には、かなりの時間歩けるようになり､8時半を過ぎたところで気温は14℃、日が当たりだし、38分間も親に抱かれずに歩いたこともある。

5月5日。朝7時30分。この時の気温は19℃。雛たちが巣を出て15日目である。三羽の雛は親の正成と歩いていた。正成が立ち止って羽繕いをしだすと、雛たちはその周りに集まりそれぞれに羽繕いをはじめ、それから約7分間その場で休んでいた。既に親に抱かれることはなかった。

歩き出すと後を追う雛たちは自分で水中を探るのに忙しそうである。ただ、時々親の脇にすり寄り、まだ翼と言えないような翼を広げバタバタさせて餌をねだる動作をする。

2) 子別れの儀式がある

正成と雛たちの話は続く。

それは、さりげない静かなやり取りと言うべきものであった。雛たちが巣を出て丁度30日目、5月20日になっていた。その夕方5時20分から6時10分の間に正成の妙な行動が目に映った。いつもながら、この儀式は草の中のことなのでハイドからはよく見えない。そこでよく見えるように、隅中ビルの5階踊り場に上がらせてもらい上から彼らを見た。

草の間で休んでいた正成は、不思議な行動をしだした。ゆっくりと雛①に近づき胸でぐいぐいと押し始めた。①が少し後退して草陰に入った。そこで次に正成は雛②にゆっくりと近づき足で蹴るような動作をした。（参考のため付け加えるとこの蹴る動作は、牛田での子別れ儀式でも目撃したものである。）

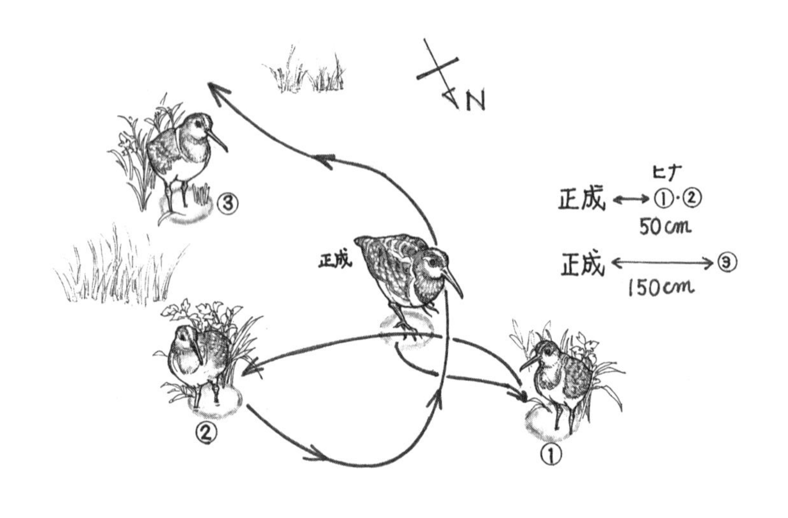

6−④　子別れの儀式　親の歩いた跡

雛②も少し後退した。それだけで、正成はゆっくりと移動し始め雛③は素通りした。次に正成は水中に嘴を入れて餌を探す行動に移った。雛たちは、正成について歩き、餌は正成の嘴からひったくるようにして受け取っていた。

ただ正成はイライラしているようであった。大きな水たまりに出るとそこで激しく嘴を水に突っ込みだし、次に水浴びをし始めた。雛たちは、ぽかんとしてそれを見ていた。敢えて言うと、子別れをしようとする正成と、まだくっついていようとする雛たちの間の内面のズレが滲み出ているようであった。この日の夕方はまだ四羽一緒に過ごしていたが、次の日から正成の姿はなくなり、雛たちは独り立ちしたのである。どの親子でも、例外なくこのような儀式を見せた次の日に親はいなくなる。

1983年　　正成と雛の記録

抱卵（4卵）　18日間　　4月3日～4月20日

育雛（四羽）　30日間　　4月21日～5月20日

子別れ（三羽）　　　　　5月21日

子別れ儀式のもう一つの例を見る前に、これまで確認できた子育てにかかった日数を記録の古い順に並べておこう。

	かかった日数	子育て最終日	場所	育った羽数
①	丸30日	1974.7.4	牛田C田	雛は3羽
②	丸27日	1975.7.9	牛田C田	雛は2羽
③	丸35日	1975.7.18	牛田F田	雛は1羽
④	丸27日	1976.7.16	牛田A田	雛は3羽
⑤	丸30日	1983.4.20	中山	雛は3羽
⑥	丸17日	1984.6.5	中山	雛は1羽
⑦	丸21日	1984.6.19	中山	雛は4羽

育雛に関する過去の記録

最後の例は非常に短かったが、理由は分からない。更に、3番目の例は、家並みの囲まれて狭い田で環境に問題があったようで、近くのC田にいた雛たちと比べて非常に育ちが悪かった。それも日にちがかかった理由なのであろう。ただごく普通には子育ては30日前後かかるようである。

更に、6番目の記録は、抱卵は18日とごく普通であったが、一羽しか孵らずその後の育雛は異常に少ない日数となった。この一羽がどのような運命をたどるか、後で詳しくたどることにする。

3) 雛たちの食べ物

牛田、中山を通じて多く目立ったものは、白っぽいイモムシである。長さが1センチから1.5センチくらいのもので、土の中、或いは水につかった土中からつまみ上げてよく食べるところを見かけた。先にあげた正成の雛は、巣から出た直後にその白っぽいイモムシを親からもらっていた。

牛田は夏の夕暮れ時に田んぼの側に立っていると、コガネムシが無数に飛び回り、顔にポンポン当たるほど多く、その幼虫だろうと思っている。

他にカエルが多いので、オタマジャクシを雛たちはよく食べた。なかなかつまみにくそうで雛たちは失敗し続けながらよく食べた。その他水中から親がつまみ上げる細かいものを雛たちはもらっていたが、目で見ても、写真に撮っても判別は出来なかった。

カエルは親たちもよく食べていた。小型のものが道路に出て車にひかれているが、田の中からは全く見えないと思えるのに、朝早くなどタマシギたちは道路に飛び上がって食べるのを目撃したものである。彼らは相当に嗅覚が発達しているらしい。

ドジョウなども沢山いたが、ササゴイが来てよく食べるのに比べ、タマシギたちが食べるところは見ていない。その他、稲に止っているオニヤンマをパリパリ音をたてて食べるなど、かなり沢山のものを食べているようであった。

IV　記憶に残る繁殖期の出来事

1）道具を使う雌がいた

これはこれまで何度も触れたＦ田の踊りのうまい雌の話である。1977年5月末のことであった。25日にＦ田に現れたつがいの二羽は、次の日、26日朝には繁殖活動を始めた。

6時15分、それは雌がちょいとわら屑をつまんで見せることから始まった。そばにいた雄は初め知らん顔をしていたが、約1分間雌が一身に巣材引きをしていると、最初に雌がわら屑をくわえたところに雄が行き、そこに立って巣材引きをやりだしたのである。約30分後、雌が足早にトコトコと安定した地面に移動ししゃがむと、雄はその上に乗って交尾。しばらくして雌の水浴で活動は一区切りつき、二羽でその場を離れた。このサイクルを繰り返して繁殖活動が続くのが普通である。

25日から始まった巣作りは3日目に入っていた。早朝街を巡ってみると、Ｂ田に一つがい、Ｃ田に一つがいそしてＦ田に一つがい、合計三つがいがバラバラに活動していた。見回りが済んでこの朝もＦ田にそっと車を付けた。この田は、道路と水平の位置にあり、周りはぐるりと家に囲まれてごく狭い所である。

5月27日

6:26a.m.

雄と雌は車から数メートルの畦にいた。車を見ると足早に田の奥に向かって歩き出した。畦を直角に曲がってから雌は盛んに尻上げをし始めた。雄のすぐ脇だが、その尻の方向は必ずしも雄の方には向いていない。そうするうちに二羽ともその近くで並んで採餌行動に入った。

この尻上げ行動で一つの区切りがついたようだった。この尻を上げて見せる行動は、巣を作る場所を示す時に特に念入りに行う。普通は近くに草が生えているのだが、この田にはほとんど草がない。草に尻を押し付けて尻上げをするわけにはいかないから、この場合はむやみに空間に尻上げをしてみせているように見えた。この日は、最初の日にしなかった尻上げを盛んにした。巣作りに向け内的欲求がぐんと高まったようであった。

6:50

25日にわら屑をくわえたとほぼ同じ場所まで行くと雌は雄に尻上げをして見せ、そしてそのままの姿勢で今日もまた雌は約5センチのわらの茎を図のように嘴でつまんだ。しばらくくわえてじっとしていたが、わら屑はそっと地面に置いた。すぐ後ろに立っていた雄は雌の尻に頭を向けたままその場で巣材引きをしだした。

雄の巣材引き行動に関して言えば、昨日より、雌のサインに遥かによく反応したと見てよいだろう。そして、雌のわら屑くわえは、雄の巣材引き行動を導き出す合図として機能していると言ってよいだろう。

6−⑤　雌のわら屑くわえ

このつがいは、雄と雌のコミュニケーションが実にうまくいっていた。この雌が発明したと言っていいだろうが[注]このわら屑くわえは合図として雄にストレートに伝わっているらしかった。この雄ほど雌と意見が一致するつがいも見たことがなかったのだ。雄は、ほとんど例外なしに雌のすることをなぞってみせる。雌が水浴すれば雄もする。少しずつ遅れて行動は始まり遅れて終わる。

次に雌はその場でくるりと振り返り、図に示したように胸を地面に押し付け尻を上げるなどアピールは念入りであった。これは、巣の候補地を示す、或いは巣作りを強く訴える効果があるものと思われるが、雄は少しその場で巣材集めの行動をして

注：牛田では、この雌以外、この場合のように道具を使った例はなかった。これまで触れてきたように、この雌は、特に度胸がよく、人にも向かってき、翼上げディスプレイにしても、その時の足を広げ踏ん張る様子など、体の保持の仕方も申し分なく、この雌のように形が整い完成したバタフライ・ディスプレイ動作をする雌は見たこともなかった。道具を使うほどにこの雌は進んでいたようである。

みせただけで遠ざかってしまった。

6−⑥　雌が胸を地面に押し付け巣の補修

　わら屑くわえは、他にＡ田で見たことがあるが、この雌だったと信じている。ただ、この道具を使える能力は、この雌が、きわめて踊りがうまく体のバランスのとり方、足の踏ん張り具合（この本のカバー写真はこの雌である）、など身体的能力の高さとも関係がありそうであった。人間に対する態度も堂々としており、いつも臆することもなく私に近づき胸を張って威嚇してみせ、その後も実に悠然と威厳を保ちながら立ち去るのであった。

5月29日

6:45p.m.　雌は巣材集めをしながら巣を出た。

6:55　雄が巣に入る。腹をぺたりと産座につけ腹這いのまま地面の巣材を引き寄せたりして約2分の間巣の中にいた。そこで雄は巣を出、雌と共に南西に歩いていった。

巣作りはこのように巣から遠くに出ていくところで一区切りとなり、またしばらくして戻って巣に入ってみるというサイクルの繰り返しで、進行していく。このつがいの場合、この日から雌は巣から10数メートル離れて待機する姿が目立つようになった。1卵目なのに、経過が早いのだ。草が周辺に何もないという事情から来るものかもしれなかった。全体としては、とてもつがいの相性がよく、相手の欲求をくみ取るのがうまい二羽であった。

2) 産卵期のイザコザ

これは、お福のつがいの話ではない。参考のために付け足すもので、お福たちの次の年、1984年の出来事である。4月1日、既に3卵が産み落とされていると推測していたが、その日は産卵最終日である。

牛田、中山を通じ、雌は2卵目を産み落したところで巣から離れて控え、雄が巣に座るという現象をしばしば見ていた。この現象、つまり繁殖活動の「主役」の座を降りようとしている雌と「わき役」の雄との役割分担の移行が既に完了したものであるかのようになった場合、雌が巣に近づくのはかなり難しい状況に直面するのであろう。巣への接近が荒々しい形となった珍しい例である。抱卵に入っている雄はつがいの雌でも近くに来ると激しく追い立てることから、もしつがいの二羽に移行が完了したという心理的状態が高まっていたとしたら、4卵目を産もうとする雌が、人間に例えて言えば、その生理的欲求と心理状態の間で見せる葛藤に類する状況にある可能性があった。

その4月1日の朝のつがい（雄は一郎、雌はお花と呼んでいた）の有様を時間に沿って見てみよう。

7:53a.m.　巣から10数メートル離れたところにいた雌のお花は、巣の方に向かって用心深く歩き出す。そして、あと10メートル位になって立ち止った。巣の方を向いたまま喉を膨らませ、翼に白い剣羽を出し鳴く体勢に入った。しかし、声は出なかった。これは対峙するつがいに向かって示す時によく見る姿勢である。何故そんなに攻撃的になっているのか不明ではあったが、これまで見たこともない異常な様子であった。しかも、産卵の最後の日にこんな行動にでる理由がいまだ不明である。

8:04a.m.　もうおよそ10分間も、先のところにとどまった後、お花は小走りで真っ直ぐ巣の方に向かった。姿勢を低くし、攻撃の構えでそのまま巣の入口に迫った。

向かってこられた巣の中の一郎は、バサッと激しく翼をはたいて巣の外に出た。出たといっても約70センチの所だった。一郎も攻撃の構えになり、片翼を上げてその表面をお花に向ける。お花が一郎とすれ違いに巣に入ってからも、一郎は約10秒の間70センチばかり巣から離れて立ち、さきの攻撃姿勢を保っていた。

8:15 a.m.　間もなく一郎は10メートルばかり西南に進んで採餌行動に入っていたが、約2メートル巣の方に戻り、用心深く首を立て巣の方を見だした。

8:16 a.m.　さらに2メートルほど一郎は巣の方にそろりそろりと歩いて止る。

8:18 a.m.　また同じくらい歩いて止る。もう巣まで4メートルばかりである。

8:20a.m.　一郎は巣まで1メートルまで進んだ。お花は巣の中でモゾモゾと動き出した。

8:22a.m.　一郎は身を低くして50センチばかり巣から遠ざかった。そして首をすくめ動かなくなる。

8:27a.m.　お花が巣から出た。低い姿勢のまま、というのは、とても警戒していることを示しているが、一郎のすぐ前を素通りして南に進む。まるで一郎がそこにいないかのような態度であった。約3メートルお花が南に進んだのを見て、一郎も身を低くしながら巣に向かい、巣に入って座り込んだ。後は一郎が静かに座る姿が見えるだけであった。

4卵揃っているのは後で確かめた。

お花は4卵目を産むために巣に入ろうとしている。しかし、この時は、警戒心をあらわにし、巣に向かって走った。このように巣に突進するように向かうことは他の例でも見られない特異なことであった。既に書いたように、雌が産卵のために巣に入っている時雄がそばにいないと盛んに低い声で雄を呼ぶ。産卵時、つがいの二羽は強い結びつきを保っているのが普通であった。

役割の移行に対する反応が二羽の間でずれがあり、雄は既に雄だけの世界をそこにつくり出していた可能性がある。もしそうだとすれば、雌が産卵という生理的欲求に応じて一郎の座る巣に突進と言ってもよいような勢いで迫ったのもあり得ることであろう。

お花は巣の中に23分いて、巣を出た。この間に4卵目を産んだと考えている。巣に戻りたい欲求に抵抗しながら雄の一郎は待ち続け、巣に戻った。ここで一郎の雄だけの世界が始まるのである。

これは、タマシギたちの、特に雄と雌の在り方からしてとても暗示的である。雌の産卵の間、普通4日間のうち2卵目と3卵目の間に大きな溝があり、それ故、普通は2卵産んだ後は雌が巣から相当に離れて過ごしだすと言ってよいだろう。その時から、雌にとって巣はかなり遠い存在になり始める。その極端な例が、ここにあげた雌の攻撃的に巣に向かった姿に顕れていたように考えている。

3）子別れのもう一つの例

念のため、ここでもう一つ牛田で観察した子別れ儀式を見てみよう。先にあげた例とは細かい部分の違いがあるだけである。1974年7月4日、場所は牛田C田。とても暑い日の昼過ぎ、12時50分であった。草地として残してある東北の部分。その草の中に親と雛たち三羽はしゃがんでいた。親子がゆっくり休む時は、よく膝を折ってしゃがむのである。私は、田の東北脇の道路に止めた車の中に潜んでいた。親は、首を高く上に伸ばし用心しながら少しずつ開けたところに出てこようとしていた。

雛たちは動きたくない様子を示していたが、ともかくついてきた。既に車から10メートル以内に近づいている。親が少し歩いて立ち止ると雛たちはしゃがむ。しばらくしてまた親は歩く。しゃがんだ雛はそのまま動かず、他のものたちがついて来る。そして適当な草陰にしゃがむ。残ったものが別の草陰に潜り込む。こんな事を繰り返して車から8メートルの所まで来た。道路は少し高いところにあるからよく見えた。

雛たちが全てしゃがむと、雛たちを残して、親はゆっくりと稲の植えられた田の南の区画に向かって歩き、遠ざかった。いつも一緒に安全な草陰、或いは稲の株の陰にかたまって休むのが普通の光景であったが、その時に目の前で展開された光景は異常であった。雛たちをしゃがませ、自分は彼らをおいたまま立ち去ることを繰り返し、雛たちにその時が来たことを感じさせようと努めているような振舞いであった。

約15分後、親は雛たちから約10メートルのところにいた。親との距離を一気に縮めるかのように一羽が親の近くまで飛んだ。もう一羽も飛んだ。もう一羽は追跡できず観察はそこまでである。そして、次の朝、7月5日には親の姿はなく、雛たちが独りでそれぞれ採餌行動をしていた。この子別れ儀式も静かなごくさりげないものであった。

4）見放された一羽の雛

ここで取り上げるのは、既に第5章で扱ったつがい、お花と一郎のその後である。1984年だから先のお福つがいの次の年のことである。そのお福・正成の巣とほぼ同じところにお花と一郎は巣を作り、4月6日に4卵揃った。巣の入口から前方に緩やかなスロープがあり、というのは、巣の厚みが普通よりあり10センチくらいになっていたから、そのスロープは目立つものだったのである。ずっと見ていてもなかなかよく出来た巣だと言いたくなるものであった。4卵産み込まれた巣では、何事もなく抱卵は続いていた。

6－⑦　巣内の一郎と孵化直後の雛
（1984.4.23）

抱卵は丸 17 日間。その次の日の朝一羽の雛の姿が巣の中にあった。その雛と親の一郎がどのように振舞ったか、日を追って見ていこう。

1984 年 4 月 23 日、朝 5 時 55 分にハイドに入る。一郎は巣に座っていた。卵は二つまで見える。
6：21a.m.　雛一羽一郎の胸から出てきた。既に羽毛は乾いている。その後の成り行きを時間の経過に従って見ていこう。

①　6：25a.m.　一郎は巣を出た。1 メートルほど東（ハイドか

ら見て右手）に立ちじっと南を見る。巣は視野に入っているだろうが、視線は遠く線路の方を向いている。雛は巣の中でぺたんと伏せていた。約２分で一郎は巣に戻った。

これは普通ではなかった。私の過去の観察から考えると、この時間帯に親が巣を出る場合、雛を連れて育雛の始まりとなると判断してよいと思う。前日の一郎の巣を離れる時間は短く約６分のことが多かった。一郎には孵化を予知していたと思える兆しがあった。次の日の早朝には４卵が孵化し一斉に雛を連れて巣を出るのが自然な流れであったであろう。それが違ったのである。

6：40a.m.　雛が巣の外に落ちた。巣の高さは雛の背の高さの２倍くらいある。二、三度失敗してやっと雛は巣に上がった。親は雛の方に首を伸ばす様子を見せたが、立ちあがって助けるなどの行動には出なかった。
6：55a.m.　親の一郎は巣の入口の右手に極端に身を乗り出し始めた。そこに転がっている卵の殻二つが気になっているようである。巣をサッと出ると、卵の殻の３分の２くらい大きさのある方をくわえ東の方に２メートルばかり走り、そこに殻をポトリと落して帰ってきた。

8：10a.m.　雛は巣の端っこに出て、親の胸に入らない。親は何度も促してやっと雛は胸の中に頭を突っ込み、すっぽり抱かれて姿は見えなくなった。

② 8：12a.m.　一郎は巣を出た。すぐに戻った。

③ 8：30a.m.　一郎巣を出る。残っていた卵の殻を拾って東約1メートルのところにスタスタ進み落としてきた。

それまで、観察していた巣で卵の殻が巣の外に落ちている光景を目にすることはなかった。記憶にあるのは、雛たちが巣を出た後産座に殻が踏まれて細かくなり残っている図だけである。多分、よほど普通でないので、一郎は落ち着かず、慌てた様子で捨てに走ったと考えている。

④ 9：09a.m.　一郎は巣を出た。50センチばかり東に出て巣の方を向き、羽根を繕う。雛は巣の縁に立ち一郎を見ていた。その内雛は巣を出、スロープの一番下まで下りるとそこに立ち一郎の方を向いて羽根を繕いだした。約4分して一郎は巣に戻り、続いて雛もスロープを上がって親の胸の中に潜り込んだ。

⑤ 9：26a.m.　一郎は巣を出た。そして先と同じく50センチばかり巣を出たところで巣の方を向いて羽根を繕う。約30秒で巣に戻った。

⑥ 9：36a.m.　一郎は巣を出た。約30秒後、雛も転がるようにして巣の出口のスロープを下りた。

⑦ 9：45a.m.　一郎巣を出る。スタスタを東に進み、採餌行動。雛は巣の中で全く動かない。一郎は1分後に巣に戻った。

⑧ 9：55a.m.　一郎巣を出る。雛も転がって出た。東へ進む。4分後には水の中に立ったまま雛を抱きだす。その後4分

抱いて3分歩くとつづいた。これで巣を出たのかと思ったところ、
10：13a.m.　一郎は結局巣に戻りそこで雛を抱きだした。

卵が孵った朝、一郎は巣から8回も巣から出たり戻ったりを繰り返した。それだけ一郎は巣を出ようとする内的要求に促されていたとみてよいだろう。一度巣を出てしまいかけたがまた巣に戻って雛を抱くという行為はよほどまだ残っている三つの卵にひかれていると見てよいだろう。前の日既に卵からの反応を感じ取り、次の日現実に卵が孵る。四つの卵はふつう少しの時間をおいて孵るから、巣を出るのが通常の行動であるが、この場合、残った三つの卵の吸引力は強かったに違いない。その後15分ばかり見ていた。一郎は巣に戻ってから動かなかった。そこで観察は打ち切った。

4月24日。一郎は雛を連れて歩いていた。三つの卵は残したまま巣を出たのである。ただし歩きながら、雛に餌を与えながら激しく地面をつつき、巣材引きをして見せた。彼の内面はかなり乱れているように見えた。

残した三つの卵の吸引力を感じながら、一羽の雛の世話をする。この矛盾した状況が一郎に重くのしかかっていたと考えるのが自然であろう。巣を出たらもう卵のことは済んだこととはならなかったのではないか。もし、巣材引きをするという行為が、元々冬の間から時々やってみせることのある個体だったとしても、先にあげた矛盾の隙間から、繁殖初期の

行動が甦る。つまり、繁殖行動につながるモヤモヤが象徴的な形をとって滲み出たと見るのが自然ではないか。

雛はこの後2週間ばかり順調に育てられた。そこでこの雛にとって困ったことが起こった。一羽の雌が現れたのである。実際、この雛が孵った朝、そんなに遠くないところで低く雌がコオーと鳴いた。何度も聞こえた。その巣で雛が孵ることをよく知っていたと見てよいのではないか。このような現象はそれまで経験したことがなかった。もし、何らかの異常を一郎もお花も知っていたとすると、突然目の前に現れたように見える雌はお花としか考えられないが、これは確信がない。

何日間か、その雌は雛連れの一郎につきまとったので、一郎と雛はその雌を警戒し、その雌を避けていたが、ある朝、ハイドの目の前の水たまりに、いつも一郎と一緒に出てきたところにポツンとその雛が立っていた。所在なげに羽根を繕うばかりで何もしなかった。1974年5月18日、雛の姿は消えた。まだ巣を出て13日目、独りで生きていけそうには見えなかった。

ここで考えられることは次のようなものである。番の雄と雌、特に雌は卵を抱いている雄のことをずっと気にかけていて、雛が孵ること、その雛が一羽しか孵化しなかったことも知覚していたのであろう。そして、そのことが、次の繁殖活動の開始を早めるきっかけになった。その結果雛は独立を待たず世話を打ち切られたのではないか。

5）雛が混ざり合う

これは、牛田C田の出来事である。1975年6月、2組の親子連れがその田にいた。彼らをCn4とCn6と呼んでいて（Cは C田、nは巣、数字は、その年何番目の巣かを表わしている。)、前者が6月12日に孵化、後者は6月15日に孵化していた。3日間の違いである。それぞれの雄親は四羽ずつの雛を連れていた。次の16日まで2組の親子に何の変化もなかった。

C田は、F田から約40メートル離れており、しかも近くに田んぼはない。二つの田の間には道路が走っていて、雛たちが自然に移動し合うことは考えられず、そのF田ではその年繁殖した個体はいなかった。それ故、雛たちの混ざり合いは、上にあげた2組の間で起こったものであることは疑いようがなかった。以下時間を追って見てみよう。

6月16日朝6時59分。C田のCn6は既に雛が三羽になっていた。

6月17日朝6時35分。C田に着いた私の目の前に五羽の雛を連れた雄親がいた。この親はCn6である。しばらくしてCn6であるその親鳥は雛たちを抱きだしたが、一羽の雛が親の胸の羽毛に入れずウロウロしていた。元々この親は神経質で、とても警戒心が強い。田を見回すと、もう1組の親子Cn4がいた。そちらは雛が二羽しかいない。両者の間で雛が入り混じったとしか思えなかった。観察は7時までで終了した。

辛抱強く見守り確かめるほかなかった。15日から、両者は狭い田の中でしきりにいさかいを見せていた。時には親たちが約4メートルの距離に接近して威嚇し合う姿があった。

想像すると、そのごたごたに紛れて雛たちは混ざってしまうこともじゅうぶんありそうであった。

五羽の雛は親としては持て余し気味なところがあった。彼らは立ったまま雛を抱くことが多く、その体勢で五羽が胸に体を突っ込むのはかなり難しいように見えた。

17日夕方。C田には1組の姿しかなかった。40メートル離れたF田の脇には土木作業の人が5、6人いて、朝9時頃そこの溝にはまり込んでいた雛たちをF田に上げたという。Cn6の方はイザコザの末コンクリートの溝に落ちたか逃げ込んで、F田の脇まで行ったらしい。雛たちの一羽はすこぶる元気、一羽は弱っていたと彼らは言っていた。

6月18日は、午後遅くの観察となった。F田に上げられた雛は三羽に減った。元気の良い一羽は他の二羽よりはっきりと大きい。その大きい雛は、背中の真ん中の栗色が太く非常に鮮やかであり、翼の羽毛が伸び始めている。それに比べ他の二羽は背中の線がまだ細く黒っぽい栗色であり、翼の羽毛は痕跡のままである。私はC田にいる雛たちとこのF田の雛たちをよく見比べてみた。その色といい翼の羽毛の状態といい、この大きな一羽と、C田の雛たち（即ちCn4の雛たち）とはほぼ同じ様子なのだ。

6月22日朝も観察に出かけた。F田雛三羽は健在。一羽は断然大きい。他の二羽の翼は痕跡程度にしか伸びていなかった。

F田の親子は、Cn6で、大きな雛はCn4から紛れ込んだ個体と考えるのが自然である。他の二羽と比べて雛の大きさが違い、毛並みの色が違い、翼の羽毛の伸び具合も明らかに違っていた。Cn6 の親鳥は Cn4 の雛を受け入れたと言ってよいだろう。

雛の混ざり合いに関して、ティンバーゲンの著書、『セグロカモメの世界』に参考にすべき記述がある。「セグロカモメは他者の雛を時に養子にすることがある。」（ティンバーゲン、p.344）というものである。

セグロカモメの親はそれぞれテリトリーを持ち、その中で雛の世話をするということである。一方牛田のタマシギは、既に述べてきたように決まったテリトリーを持っていない。実際、この混ざり合いの起こったC田内では、二羽の親たちは、狭い地面を牽制し合いながら、田の南の区画全面を利用して過ごしていた。そこで親同士がいがみ合った時に雛たちが混じってしまい、勢いに押されて溝に落ちて側溝沿いにF田脇まで行って、そこで拾い上げられたのである。既にその時Cn6に混じっていた一羽の雛は全く不都合なく他の雛たちと一緒に過ごした。

ここでもティンバーゲンを引合いにだし、参考にしてみよう。ティンバーゲンはこの養子が成立する事態に関して実験をし、その結果を次のように書いている。「孵化後1日か数日たった雛を用いて行った実験の結果、全てで他者の雛は受け入れられた。」 更に「結論は、セグロカモメは孵化後最初の数日間に自分の雛を学習によって識別している…この学習による知識はおよそ5日で得られると思われる。…これ以後この親鳥としての行動様式は、どの雛が与える刺激によってもそっくりそのまま開発されるということはもはや見られなくなる。」（ティンバーゲン、 p.348）と付け足している。

この牛田で起こった雛の混ざり合いは6月17日、孵化が6月12日であるから、孵化後5日ということになる。タマシギでも、5日以内であれば他者の雛に対する敵対反応は起こらず、受け入れられることがあるということが、偶然に起こった自然の実験で観察されたと言ってよいだろう。

この、雛の混ざり合いの記録は、1976年6月発行の『野鳥』誌（通巻357号）に寄稿していた私の文章を元に書き足し、書きかえをしたものである。

最近になって、私は印象深い文章を読んだ。アラン・バックリーの『生命とその子どもたち』の文章をリン・メリルが引用したものである。その一部を引用してみよう。

「そしていまやわたしたちはこうして無数の仲間たちといっしょに世界に住み、そうした仲間たちはその多くがとても奇妙な生活を営み、わたしたちと同じように短い一生を有意義に過ごそうと努力しているので、彼らについて学ぶのは価値あることではないでしょうか。」(p.146)

この私のタマシギの観察記録をまとめながら、身近な生きものについてひしひしと感じていたことに通じるものがある。彼らの奇妙な行動、懸命な生活、そして環境に左右される生命のもろさである。

彼らの個体群はもろくも消え去ったが、タマシギたちはあまりに美しかった。彼らをつぶさに見ていることで私は眩惑されたように観察を続けてきた。彼らは一羽ずつ違っていた。性格も能力も違うと確信するに至った。タマシギ一般というように扱うのが難しくなってきたのも事実である。その難しさを乗り越えようとすればするほど更に観察が必要になった。難しさも観察そのもののもたらす喜びも際限がなかった。見るべきところは沢山ある。しかし、私の環境にも限界があった。長年お蔵入りしていた私のタマシギの記録はこれで終了である。

引用文献

牛田町誌編集委員会 『牛田町誌』 牛田ニュース 2002年

岡潔 『紫の火花』朝日新聞社 1964年

清棲幸保 『日本鳥類大図鑑』講談社 1978年

世阿弥 『風姿花伝』岩波書店 1979年

中林光生 「タマシギの雄親と雛の結びつき」『野鳥』357号 日本野鳥の会 1976年

中林光生 「湿田のタマシギ」『アニマ』No.86 平凡社 1980年

Armstrong, Edward A. *The Ethology of Bird Display and Bird Behavior*, Dover Publications, I.N.C. 1965.

Hall, Edward T. *The Hidden Dimension*, Doubleday & Company, 1966. ホール 『かくれた次元』日高敏隆・佐藤信行訳、みすず書房 2015年

Lack, David *The Life of The Robin*, H.F. & G. Witherby LTD, 1965. ラック 『ロビンの生活』浦本昌紀・阿部直哉訳 思索社 1973年

Lorenz, Konrard *Evolution and Modification of Behavior*, The University of Chicago, 1965, ローレンツ 『行動は進化するか』日高敏隆・羽田節子訳 講談社 1985年

Merrill, Lynn L. *The Romance of Victorian Natural History*, 1989, Oxford University Press, メリル『博物学のロマンス』大橋陽一、照屋由佳、原田祐貨　訳　国文社　2004年

Tinbergen, N. *Social Behaviour in Animals*, Methuen & Co. Ltd., 1953, ティンベルヘン　『動物のことば』渡辺宗孝・日高敏隆・宇野弘之　訳、みすず書房　1971年

Tinbergen, N. *Curious Naturalists*, The Hamlyn Publishing Group Limited, 1974, ティンバーゲン　『好奇心旺盛なナチュラリスト』阿部直哉・斉藤隆史　訳　思索社　1980年

Tinbergen, N. *The Herring Gull's World*, Collins 1953, ティンバーゲン　『セグロカモメの世界』阿部直哉・斉藤隆史　訳　思索社　1975年

White, Gilbert *The Natural History of Selborne*, Unwin Brothers Limited　1979.

あとがき

私が牛田で観察を始めた1972年頃、タマシギたちは家々に囲まれたいくつかの田で生活せざるを得なくなっていた。とはいえ、追い詰められているという気配はなかった。草陰に隠れがちではあるが、いつも田の主のように振る舞っていたのである。

身を少し隠すところが安定して確保でき、そこが湿潤でとても軟弱な土地であれば、何とかやっていけるようだ。私の観察地は、タマシギたちのそんな性質に対応できる環境のうちに入っていると私には見えた。

以前は、稲田でタマシギの卵を見つけると家に持って帰って食べていたと農家のおかみさん達は言っていた。しかし、休耕が始まってからは、その休耕した狭い場所に巣作りが集中することが多く、巣が壊される率は意外と下がっていたと言ってよいだろう。卵をとる機会もぐんと減っていたようである。ここでは湿潤な休耕田がタマシギたちの命運を握っていたのである。

一昔前の田んぼの広がりを示す文章があるのでそれを見てみよう。数学者の岡潔先生は昔この静かな牛田にごたごたした広島市内から引っ越してきた。その著書、『紫の火花』に、1932年（昭和37年）頃の牛田の風景を眺めた部分があって、そこには「…ここは海から大分遠く、西は太田川で境せられ、他の三方は松山で囲まれた一区画である。大体、田であって家は山沿いにしかたっていない。」(p.142) とある。

その風景は、私が観察を始めた1972年には40年もたっていたから大きく変わっていて当然であった。田んぼの面積はその頃の5分の1くらいだったであろう。田の数にして七つ残っているだけであった。とはいえ、私が観察を続けた約8年間タマシギたちの棲む田んぼは一部が僅かに埋め立てられただけである。生息に影響はなく稲作が続けられていた。タマシギたちは、衰亡の道をたどりながらも、何ら私を悲観的な思いに誘うことはなかった。

衰亡の道を一時押しとどめていたのは、減反政策(1965—1974)であったような気がする。この牛田で実際にコメの生産調整が始まったのは、1969年であった。それによって休耕する部分ができた。彼らにとって最も重要と思われるA田とD田の軟弱で農作業のしにくい部分が休耕された。それによって、冬の間も草むらはそのままにされ、隠れるにも採餌の場所としても好適な場所が確保され、彼らはギリギリ生活を安定して維持することが出来るようになったと思われる。

ただ、この安定状態は、一時のもので、1976年の繁殖活動がほぼ終わった頃、堰を切ったように衰亡の最後の場面が始まってしまった。牛田の街中の田んぼに起こったことを箇条書きに書きだしてみると次のようである。

1976年10月20日　　A田北側の軟弱な部分、D田の全面に盛り土がされた。
これで、彼らは特に冬場に隠れるところがなくなり、冬は一羽もいなく

	なった。
1977年6月2日	この日やっと姿を見せるも、五羽（雄三、雌二）と数が減る。
1978年	二羽しか戻ってこない。繁殖期を通じこのつがいだけがいた。
1979年	この年も同じつがいが戻り繁殖活動。
1979年7月29日	すでに休耕を止め稲作を再開していたC田東の部分で抱卵中の雄が運悪く農薬を頭からかぶった。2日間足を後ろに伸ばしたまま動けずにいたが3日目夕方に死んだ。相手の雌も二度と帰ってこなかった。

もし1976年秋の盛り土がなかったら、生産調整が続けられていたとすれば、彼らはそれまでと変わらず生活し続けたであろう。しかし、幕は下りてしまったのである。

上に書いたとおり、最後のつがいは1978年、1979年の2年間それまでの生活を続けようとした。しかし1979年、牛田のタマシギたちの長い間の営みは途絶えた。牛田の個体群は、その環境の中でも最も安心できる好適な地面がなくなることによって消滅した。

この雄の事故は悲運としか言いようがない。そいつは、気づいた時には、巣の中に座ったままどこか様子がおかしい感じがあった。次の日になっても動いた形跡はなかった。それで、もうかなり伸びた稲の隙間に見え隠れする姿を、双眼鏡で道路からよくよく確かめた。首はちゃんと立てているが、足を後ろに突っ張るように伸ばしたままである。3日目、私は思い切って膝まで泥に埋まりながら助けに向かった。多分どうにもしようがないと思いながら助け出した。

案の定、彼は抵抗も何もしないで足もピンと後ろに伸ばしている。首を立てる以外は動けないのだが、その眼だけがクリクリと動き、輝いていたのを忘れることが出来ない。

彼はこの牛田の群れの最後の個体であった。個体群が消えることは何と静かに進行するものかと胸を打たれた。タマシギたちの長い間の営みをそのままにしておいていいのか、関わった私は、このまま彼らが喜びのダンスを見せた夕間暮れの様子を時の流れにのせて流れ去るままにしてしまっていいのか、タマシギたちの命の輝きは何もなかったことになっていいのか、などと時に思い反省もし、最近になってやっと思い立った。私が接した、そして理解したと思えるところだけでも書き残しておこうとしたのが本書である。

この記録を書き始めたのが2016年5月21日。観察は40年ばかり前のものと言った。それからの長い時間の間にまとめる余裕がなかったことも事実であるが、例えば、雑誌『アニマ』に出した「湿田のタマシギ」などの記事を除いて、この生息地が荒れるのを恐れたために、記録はできるだけ外に出すのを控えるよう努めた。記録はしたがって本棚に眠ることになった。

書き始める前の1年間は、本棚に並んでいた記録を少しずつ読み進んだ。何度も読み直し、日々の行動経路を描きこんだ白地図に当たり写真類を見るなどして記憶の曖昧なところを補い文章化する準備をした。そこでやっと書き始め、約1年かけてここまで来た。

世の中は不思議な巡り合わせに満ちている。この原稿をほぼ書き終えた2017年5月9日、別の用件で牛田に行った。いつものバス道路を通りながら見ると、あれほど観察を支えてくれた4階建ての駒井ビルがない。あのビルは、私が観察を始めてすぐに工事にかかったのだ。そのビルが取り壊され、数人の人が地面をならしていた。タマシギたちを見ていた私の舞台がそっくり消えた。彼らの記録をまとめ終わるのにぴったりと合わせるように幕は閉じたと思うと、私の若い時の姿が急速に頭の中を駆け巡り、私に与えられたあの観察の時間の貴重さに感動するのであった。

観察に費やした13年の間、非常にたくさんの人々の温かい思いに助けられていた。記録を読み返し、この本の原稿を書き進めだすと、そのことが実感としてよみがえってきた。本当に有難いことであった。

牛田では、稲田の持ち主、中石さんには勝手なふるまいをなんとか辛抱してもらった。また、先に挙げた駒井ビルの持ち主にはとてもよくしていただいた。更に中山に移ってからは、お医者、小畠医院のお世話になった。敷地の隅にハイドを張らせてもらい、ここも自由に出入りできた。私は恵まれていた。

この二つの観察場所を与えられたことは、私の人生のここぞという時に注がれた恵みの雨とでも言うべきものである。この医院の隣にある5階建てのマンションの階段踊場は格好の展望台として使わせてもらった。下岸建設倉庫の2階もよく使わせてもらったし、田んぼの近所の人々に迷惑をかけたに違いない。お詫びするとともに感謝する次第である。

観察の初めから、桑原良敏先生に励まされ力づけられた。山岳家であり動植物に詳しい敬愛する先生には本当に始終助けられた。有難いことであった。また三好真理さんには観察の手助けをしていただき感謝申し上げたい。更に、諸本泉さんには本書に挿絵を描いていただいた。その絵は殆どすべて私が両観察地で撮った写真を元に描いてもらうようにお願いしたものである。正確さに加えこの本に得難い新鮮な味わいをもたらしてもらえた。

それに、寒い冬の夕方、電柱の脇に立つ私に、熱いコーヒーを持ってきてくれた近所の少年など沢山の人たちの顔が思い出される。最後に、そもそもこのタマシギという生きものに私を引き合わせたのが私の妻なのである。思いもよらない人生の舞台を用意してくれ、これだけ長い間、夜でも田んぼに出かけるのをじっと見守ってくれた私の妻、美紀子の支えなしにこの観察はできなかっただろうし、この本を書くこともできなかったであろう。

広島にて　2017年6月3日　　　　　　　　中林　光生

Contents

4 Roles of both sexes − Males and females make up for each other's problems −

Ⅰ Males and females in Ushita

The field called D becomes the main stage in the early spring − Males turn aggressive and females avoid battles − A female keeps her mate away from another female − A female accepts a male − A pairing up and a nest building

Ⅱ A case of a pair in the making in Nakayama

The paddy fields in Nakayama − A slight change in a male called "Ichiro" − The other male called "Jiro" begins to torture "Ichiro" − The arrival of the new female called "Ohana" − The two pairs synchronize their nest building

Ⅲ A case of a male who seems to be uncomfortable against the duty of nest building

The original female is forced out of her territory − The new owner of the territory has to endure the long resistance from the mate, and she builds the nest alone

Ⅳ Interesting happenings

A female clever enough to use a short straw as a tool for their communication

A female has trouble with her mate just before their nest – Another case of farewell to the young – "Ichiro" hesitates over whether to leave the nest or not – One young bird is left alone – Two broods mingle with each other

Summary

Painted Snipes, *Rostratula benghalensis*, in a Housing Area

One sunny morning in May, 1972, I came upon a family of Painted snipes in the housing area called Ushita in the northern brink of Hiroshima city. This very old and quiet place that had been a wide stretch of paddy fields was already a residential place and only seven patches were left for rice paddies.

Surrounded by small hills and a large river, the soil in some part of the paddy fields was terribly muddy, like marshes. I believe this is the crucial point for the survival of the painted snipes all through the years of shrinking habitat in those Ushita and Nakayama areas.

At the start, I was just watching them. But soon I found myself charmed by those wild water birds still surviving in my neighbourhood. I loved watching them, and I did never resort to the use of such tool as coloured rings.

The observation was my pleasure and it was carried out in the early mornings and in the evenings, and sometimes at night searching for the real life unknown to me at that time.

Their behaviours I noticed one evening aroused my interest in females' position in their community. One female seemed to seize great power. For the purpose of detecting the real life of 'that female' some device was needed; a very small pool. I made it in one of the fields and continued my observation on females around the pool in the dark hours.

It might be said that there was a rank among the individuals in Ushita. For, I found No.1 and No.2 females there around the pool.

The No.1 female monopolized the pool. However, at the beginning of the breeding season, a male began to try to come up to her every night and managed to act as the co-owner of the pool. All through these situations she didn't show any courtship display behaviour. She was just protecting the pool without any song.

The next thing I should examine is the territorial struggle. In the early spring, they moved to another field. And then, a female whom I recognized the No.1 female acquired a territory and then a male bird came into the territory. The male began to act as the owner of the territory and grew very aggressive, while the female who was the original owner became very calm and inactive. And then finally she sang her songs and showed her first 'Butterfly Display.' It seems that a pairing up was completed in such a way in the early spring.

People talk about the polyandrous nature of this species. But I have to say I am in a very ambiguous positon, because I couldn't get any evidence to show that a female always pair up with more than one male. During my observation that lasted for thirteen years, I watched more than fifty pairs, but I had only one case, in which a female chose another male just after finishing the first pairing.

Females have the beautiful display with their wings holding up and staying in the same position for several seconds. This display that I called the "butterfly display" is generally thought to be a tool for acquiring a male bird. But as far as I know, this display is not seen before a female has found its mate. I would insist that a female begins its display just after its pairing up seems to be completed. It is an expression of her emotion. It works as a catharsis for the excitement inside her when a female has got a successful pairing up.

After my long experience and through many sightings of younglings, I should say that this display originates from the innate reaction to the external stimulation, such as loud sound or sudden sunlight shining into the shade they are hiding. This behavior seems to function as a kind of catharsis.

I believe that this display of the female shares the same origin as that in the stage of younglings. And it might be said that this natural reaction has been displayed again and again from time immemorial, modified, more abstracted and evolved into something, a kind of symbolic ritual. It seems to me that the display has got a completed form, and now it appears to be the display for the sake of display.

After the man-made pool, I made use of a hide. I was

very lucky to be allowed to set up a hide for many years in a private property both in Ushita and Nakayama. Those two hides were so useful that I could hear their mumblings and see their family life at close range. Now and then their nests were within 7 meters from the hide.

I should say that the song of the female is in the same situation as that of the butterfly display, while the male has the possibility of having developed its displays in the direction of the actual use. Those displays of both sexes may well have acquired the present phases according to the actual life in the marshy land with patches of short weed here and there.

At the first stage of their breeding season, the male begins to unfold his hidden profile as the "male," and to become aggressive defending the territory with his rather quiet mate. After the two birds have built their nest and the female has laid two eggs, she usually keeps away from the nest waiting for the chance of laying two more eggs. And then, the male sits on the eggs and raises his young.

In such a queer way, males and females seem to cooperate trying to adjust themselves to the complicated issue of the gender role.

Hiroshima, June 2017

Mitsuo Nakabayashi

索　引

[ま]

[や]

[ら]

著者

中林　光生（なかばやし　みつお）

1940年　新潟県長岡市生まれ
1966年　関西学院大学大学院文学研究科（英文学）修了
1985年　ケンブリッジ大学に遊学、
RSPB（The Royal Society for the Protection of Birds）の
支部、ケンブリッジ・メンバーズ・グループに所属
2005年　広島女学院大学名誉教授

著　書　『大きなニレと野生のものたち』（共著）文芸社　2004年
『あるナチュラリストのロマンス』　メディクス　2007年
論　文　「湿田のタマシギ」『アニマ』　平凡社　1980年
「野鳥は祠と共にあり」『夏鳥たちの歌は今』遠藤公男編
三省堂　1993年

街なかのタマシギ

2018年3月15日　発　行

著　者　中林　光生

発行所　㈱溪水社
広島市中区小町1-4（〒730-0041）
電 話 082-246-7909
FAX 082-246-7876
メール　info@keisui.co.jp
URL　www.keisui.co.jp

印刷・製本　モリモト印刷

ISBN978-4-86327-428-0　C0045